W0263962

Forschung für die Praxis • Band 43

Berichte aus dem
Forschungsinstitut für Rationalisierung (FIR)
und dem Lehrstuhl und Institut
für Arbeitswissenschaft (IAW)
der Rheinisch-Westfälischen
Technischen Hochschule Aachen

Herausgeber:
Univ.-Prof. em. Dr.-Ing. R. Hackstein

# G. Kleine

# Integrierte Qualitätssicherung

## Ganzheitliche arbeitswissenschaftliche Gestaltung der Qualitätssicherung

**Mit 34 Abbildungen und 11 Tabellen**

Springer-Verlag
Berlin Heidelberg New York
London Paris Tokyo
Hong Kong Barcelona
Budapest

Gotthard Kleine

Wissenschaftlicher Mitarbeiter am Lehrstuhl und Institut für Arbeitswissenschaft der Rheinisch-Westfälischen Technischen Hochschule Aachen

Univ.-Prof. em. Dr.-Ing. Rolf Hackstein

Bis zu seiner Emeritierung am 30.6.90 Inhaber des Lehrstuhls und Direktor des Instituts für Arbeitswissenschaft, Direktor des Forschungsinstituts für Rationalisierung an der Rheinisch-Westfälischen Technischen Hochschule Aachen

D 82 (Diss. TH Aachen)

Die Wirksamkeit arbeitswissenschaftlicher Gestaltungsmaßnahmen auf die Sicherung der Qualität bei Fehlleistungen des Menschen in den Informationsaufnahme- und -verarbeitungsoperationen

Additional material to this book can be downloaded from http://extras.springer.com.

ISBN 978-3-540-55206-2    ISBN 978-3-642-51132-5 (eBook)
DOI 10.1007/978-3-642-51132-5

**Vorwort des Herausgebers**

Die Mechanisierung und Automatisierung der industriellen Produktion hat in den vergangenen Jahren weiter ständig zugenommen. Begriffe wie "Flexible Fertigungssysteme", "Robotereinsatz" oder "CNC-Maschinen" sind einige Deskriptoren dieser Entwicklung. Mit steigender Komplexität der eingesetzten Anlagen, Maschinen und Verfahren erhöhen sich auch die Anforderungen an die Organisation des Zusammenwirkens von Mensch, Betriebsmittel und Material. Die Beherrschung und Verbesserung dieser Ablauforganisation wird mehr und mehr zum entscheidenden Faktor für einen erfolgreichen Einsatz moderner Produktionstechnologien.

Die Ablauforganisation in den Fabriken der Zukunft wird vom Einsatz der Informationstechnik geprägt sein. Einen der Anwendungsschwerpunkte der Informationstechnik in der Ablauforganisation von Produktionsbetrieben bildet der Einsatz von Informationssystemen für die Planung und Steuerung von Produktionsabläufen einschließlich des Transportes und der Lagerung.

Der Erfolg solcher Informationssysteme ist in besonderem Maße davon abhängig, wie gut es gelingt, bei der Entwicklung und beim Einsatz der Systeme gleichermaßen sowohl die technisch-organisatorischen als auch die humanen (arbeitswissenschaftlichen) Aspekte zu berücksichtigen. Während sich die technologische Entwicklung nämlich auf dem Hardware-Sektor äußerst rasant vollzieht, ist zu beachten, daß zwischen der durch die Hardware gebotenen Möglichkeiten und der durch entsprechende Anwendungen eine immer größere Lücke entsteht, die als "Software-Lücke" bezeichnet wird.
Erfolge beim betrieblichen Einsatz können weiterhin aber auch nur dann erreicht werden, wenn der Mensch die oben genannten Informationssysteme akzeptiert. Das aber gelingt nur, wenn der Mensch die sich ergebenden Veränderungen positiv bewältigen kann. Da bisher zu wenig Beweglichkeit, Einfallsreichtum und Flexibilität bei der Entwicklung neuer Bedingungen für die Gestaltung der Arbeitszeit, des Arbeitsplatzes, des Arbeitskräfteeinsatzes, der Arbeitsorganisation und ähnlichem festzustellen ist, zeigt sich hier eine zweite, immer größer werdende Lücke, die vielfach als "Akzeptanzlücke" bezeichnet wird und die in ihren negativen Auswirkungen der "Software-Lücke" sicherlich nicht nachsteht.

Darüber hinaus ist es heute im Hinblick auf die Wirtschaftlichkeit von Neuen Technologien noch allzu häufig üblich, daß man unter der Forderung nach "geringeren Kosten" vorzugsweise "geringere Produktionskosten" und unter "höherer Leistung" vorzugsweise "höhere menschliche Anstrengungen" versteht. Es erhebt sich aber vor dem Hintergrund der Massenarbeitslosigkeit die Frage, inwieweit man heute Neue Technologien als Ersatz für Alte Technologien vorzugsweise durch Reduzierung der Personalkosten anstreben muß und man höhere Leistung vorzugsweise nur durch Erhöhung der menschlichen Anstrengung erreichen kann.

Industrielle Führungskräfte sollen hingegen wissen, daß gerade die mit dem Begriff des Computers verbundenen Neuen Technologien so gestaltbar sind, daß dem Menschen nicht höhere Anstrengungen zugemutet wird, sondern der Computer die Arbeit des Menschen so unterstützen kann, daß das Leistungsergebnis - und darauf kommt es ja an - verbessert wird. Es ist folglich zu prüfen, welche Neuen Technologien geeignet sind, sowohl die Wirtschaftlichkeit zu steigern, als auch den Personalfreisetzungseffekt zu vermeiden.

Die Arbeiten der beiden vom Herausgeber bis 1990 geleiteten Institute, des Forschungsinstitutes für Rationalisierung (FIR) an der RWTH Aachen und des Lehrstuhls und Institutes für Arbeitswissenschaft (IAW) der RWTH Aachen, sind vor diesem Hintergrund darauf gerichtet, Beiträge zur Schließung der angezeigten Lücken und zur Realisierung der genannten Forderungen zu leisten. Zur Umsetzung gewonnener Erkenntnisse wird die Schriftenreihe "FIR-IAW-Forschung für die Praxis" herausgegeben. Der vorliegende Band setzt diese Reihe fort. Die bisher erschienenen Titel sind am Schluß dieses Bandes aufgeführt.

Dem Verfasser danke ich für die geleistete Arbeit, dem Verlag für die Aufnahme dieser Schriftenreihe in sein Programm und allen anderen Beteiligten für ihren Beitrag zum Gelingen des Bandes.

Rolf Hackstein

# 1 Einleitung

Unter dem Begriff „Zero Defect" wurde vor ca. 25 Jahren in den USA eine Qualitätsphilosophie geboren, die erst in jüngster Zeit im Rahmen der ständig steigenden Qualitätsanforderungen auch im europäischen Raum diskutiert wurde. Diese „Null-Fehler-Philosophie" stellt zunächst den konzeptuellen Endpunkt einer wunschgemäß möglichst fehlerfreien Produktion dar.

In den meisten Produktionsorganisationen - in der Einzel- wie in der Serienfertigung - werden die Anforderungen bezüglich der Qualität immer höher, weil die Qualität besonders in den achtziger Jahren zum wichtigen Wettbewerbsfaktor geworden ist (STAAL 1990, S. 1). Da diese Entwicklung neben Anforderungen an die Aufbau- und Ablauforganisation auch Anforderungen an die Arbeitsorganisation und direkt an den Menschen stellt, sind hiermit auch Teilgebiete der Arbeitswissenschaft angesprochen. Qualität wird letztendlich am Arbeitsplatz selbst erzeugt und ist somit direkt abhängig von den auf den Menschen bei seiner Arbeit einwirkenden Bedingungen, die der Arbeitsplatz und seine Umgebungseinflüsse bieten.

Die Arbeitsbedingungen sind jedoch nicht der alleinige und entscheidende Einfluß, der die Arbeitswissenschaft direkt betrifft, sondern es kommen die mit der Wichtigkeit der „Zusatzaufgabe Qualität" verbundenen _neuen_ Anforderungen des Menschen hinzu. Hier sind sowohl die oftmals höhere Verantwortung und die mit der steigenden Qualität oftmals einhergehenden höheren Genauigkeitsanforderungen an den Bewegungsapparat des Menschen angesprochen als auch die zusätzlichen psychischen Beanspruchungen.

Die hohen Qualitätsanforderungen führen folglich nicht nur zu rein organisatorischen und maschinenbezogenen Einflüssen, sondern auch zu den Menschen direkt betreffenden Auswirkungen. Die Arbeitswissenschaft ist hier nicht nur als formal zu berücksichtigende Disziplin angesprochen, sondern sie kann wichtige Ansätze liefern, die gleichermaßen dem Anspruch einer möglichst fehlerfreien Produktion gerecht werden und die Belastungen des Menschen soweit wie möglich zu optimieren sowie seine persönliche und berufliche Kompetenz fördern.

Die vorliegende Arbeit untersucht, inwieweit arbeitswissenschaftliche Gestaltungsmaßnahmen qualitätswirksam sein können, wobei eine Beschränkung auf den Bereich der Fehlleistungen vorgenommen wird, die bei Informationsaufnahme- und -verarbeitungsoperationen des Menschen auftreten können; also auf den Bereich, der bei der direkten Interaktion mit der Maschine bzw. dem Einwirken auf das Werkstück relevant ist. Es werden die für die qualitätsbezogene arbeitswissenschaftliche Erörterung wichtigen Zusammenhänge und Einflüsse empirisch erhoben und anhand von Gestaltungsbeispielen deren Wirksamkeit überprüft. Anschließend werden die arbeitswissenschaftlich bedeutsamen Gestaltungsbereiche zur Qualitätsförderung mittels Faktorenanalyse ermittelt.

## 2  Begriffsdefinitionen und Abgrenzung des Themas

Die mit dem Terminus „Qualitätssicherung" verbundenen Aufgaben betreffen alle organisatorischen Einheiten eines Unternehmens. Dies steht im Gegensatz zu der Verwendung des Terminus „Qualitätswesen", der den aufbauorganisatorischen Ort darstellt, an dem sich vorwiegend mit Qualitätssicherung befaßt wird (vgl. DIN 55350 1987, S. 7).

Der Begriff „Qualitätssicherung" impliziert das Vorhandensein einer bestimmten Qualität bzw. eines Qualitätsstandards eines Produktes, wobei dann Qualität verstanden wird als „Beschaffenheit einer Einheit bezüglich ihrer Eignung, die Qualitätsforderungen zu erfüllen" (DIN 55350 1987, S. 3). Diese eher statische Betrachtungsweise wird seit kurzem von vielen Unternehmen im Sinne einer strategischen qualitätsorientierten Zielsetzung abgelöst durch einen kontinuierlichen Prozeß der stetigen Qualitätsverbesserung (STAAL 1990, S. 18ff).

Als Ort der Bemühungen wird auch hier das ganze Unternehmen angesprochen, und auch der Begriff der Qualität wird in diesem Sinne nicht nur als „Produktqualität" angesehen, sondern innerhalb des Unternehmens auf viele Bereiche, Elemente und Verhaltensweisen angewendet. Dies geschieht in der Regel unter dem Bewußtsein der sogenannten „Qualitätskettenreaktion", d.h. daß eine Qualitätsverbesserung am Ende die (Fehler-)Kosten reduziert und damit den Markt sichert und auch beispielsweise zum Erhalt bzw. Ausbau von Arbeitsplätzen beiträgt (STAAL 1990, S. 18ff).

Hinter der Strategie dieses erweiterten Qualitätsverständnisses - auch als Total Quality Control (TQC) bezeichnet (FREHR 1988, S. 797) - verbirgt sich die Erkenntnis, daß die Erstellung von Produkten ein komplexes Problem darstellt, das nicht nur die Leistung von Maschinen in ihrer „Fähigkeit" oder beispielsweise die „Qualität" bei der Einhaltung von Terminen betrifft, sondern auch den Menschen - einbezogen in das jeweilige Arbeitssystem - mit seinen Fähigkeiten, Fertigkeiten und Kenntnissen, seiner Motivation und Verantwortung.

Thematisch ist die vorliegende Arbeit in diesen Problembereich einzuordnen. Sie befaßt sich mit der arbeitswissenschaftlichen Gestaltung eines Arbeitssystems im Rahmen des kontinuierlichen Qualitätsverbesserungsprozesses. Abbildung 2.1 zeigt die thematische Abgrenzung grob auf.

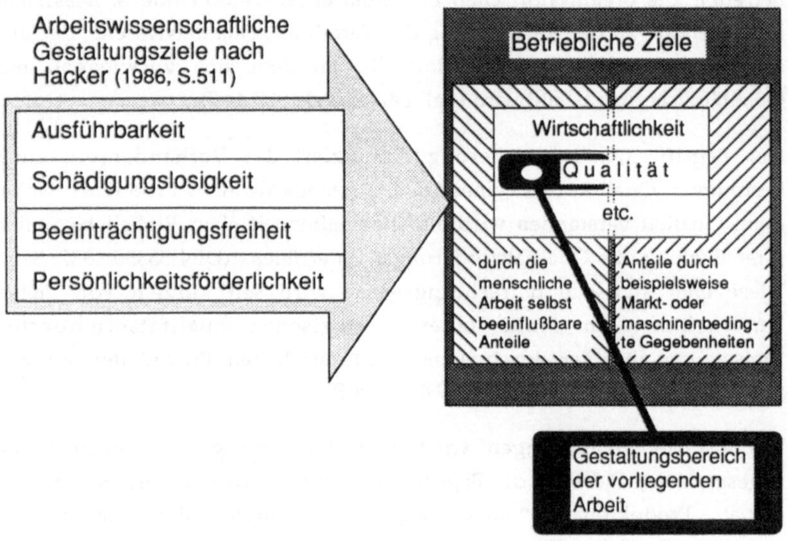


Abb. 2.1: Einordnung der Thematik der vorliegenden Arbeit

Zur Verwirklichung des Ziels der stetigen Qualitätsverbesserung werden in der Praxis verschiedene Verfahren und Methoden verwendet. Beispielsweise sind dies:

- Statistische Prozeßführung (SPC) etc.

- Fehler-Möglichkeit und Einfluß-Analyse (FMEA)

- Die Methode von Taguchi

- Die Methode von Shainin

- Qualitätszirkel

- Die universelle Sequenz von Qualitätsverbesserungen von Juran

- Die Methode von Crosby

Je nach Problemlage werden in der Praxis eine Kombination oder nur einzelne Methoden angewendet, um eine Qualitätsverbesserung zu erreichen (STAAL 1990, S. 15ff).

Bereits im Vorfeld der Fehlerentstehung wird durch die **Fehler-Möglichkeit- und Einfluß-Analyse (FMEA)** in der Konstruktion (ZÄSCHKE 1989, S. 429) (Konstruktions-FMEA) versucht, das Bauteil oder das Gesamtprodukt so zu beeinflußen, daß Fehlermöglichkeiten minimiert werden. Beispielsweise kann diese Methode bei neuen Fertigungstechnologien vor dem Serieneinsatz eingesetzt werden, und es können dabei verschiedenartigste Fehlermöglichkeiten frühzeitig erkannt und durch geeignete Maßnahmen ausgeschlossen werden.

Bezogen auf die Fehlerverhütung maschinenbezogener Fehler werden im Bereich der Serienfertigung statistische Verfahren zur Regelung des Fertigungsprozesses angewandt. Es wird im Rahmen der **Statistischen Prozeßführung (SPC)** versucht, eine On-line-Qualitätsüberwachung zu erreichen und somit letztendlich den Be- oder Verarbeitungsprozeß sicher zu steuern.

Bei den Methoden von Shainin und Taguchi werden statistische Verfahren zur Qualitätsüberwachung eingesetzt. Mit Hilfe der Methoden von **Taguchi** können beispielsweise Versuchsplanungen analysiert und gestaltet werden (PFEIFFER, GIMPEL 1989, S. 495).

Die Methode von **Shainin** ist z.T. eine Anwendung des Pareto-Prinzips, mit Hilfe dessen eine oder wenige Steuergrößen für das Prozeßergebnis als verantwortlich identifiziert werden können (PFEIFFER, GIMPEL 1989, S. 496).

Beide Techniken stützen sich auf bekannte Elemente der Statistik, die in eine anwendungsgerechte Form gebracht und durch neue, aussagekräftige Kennwerte bereichert werden.

Darüber hinaus bedeutet nach **Taguchi** die Nichteinhaltung der „Qualität eines Produktes den Gesamtverlust, den die Gesellschaft durch das Produkt erleidet. Dieser Verlust schließt u. a. Kundenzufriedenheit, Garantie- und Kulanzkosten, erhöhte Wartungs- und Instandsetzungskosten, Imageverlust und dadurch niedrigere Wiederverkaufswerte ein und hat Ähnlichkeit mit den bekannten Life Circle Costs (LCC)" (BRUNNER 1989, S. 343).

Im Rahmen dieses erweiterten Qualitätsbegriffes und des damit verbundenen **Total-Quality-Control**-Prozesses (TQC) (FREHR 1989, S. 803ff) sind auch die weiteren Methoden als Einzelmaßnahmen unterstützend wirksam.

Hierzu gehören **Qualitätszirkel** (auch als Qualitätskreise bezeichnet). Als Bottom-up-Ansätze (vgl. HEEG 1985, S. 64) dienen sie u.a. der besseren Nutzung der „Mitarbeiterpotentiale" zur Ideenfindung oder zur permanenten oder fallweisen Schwachstellenforschung (ZINK 1990, S. 152). Darüber hinaus unterstützen sie die Fortbildungsmöglichkeiten sowie die Verbesserung der Mitarbeitermotivation.

Speziell auf die Mitarbeitermotivation zielen auch die im Rahmen der „Null-Fehlerstrategie" entworfenen Vorschläge von PHIL CROSBY (1989). Jedem Mitarbeiter soll demnach klar werden, daß Fehler als nicht „normal" anzusehen sind und daß es kein akzeptierbares Fehlerniveau gibt.

Im Rahmen der **universellen Sequenz von Qualitätsverbesserungen von JURAN** (1987) sollen ebenso über die Einrichtung von Qualitätsgruppen bzw. Qualitätsteams eine ständige Verbesserung (KIRSTEIN 1988, S. 677) von Produkten und Dienstleistungen erreicht werden. Auch diese Maßnahmen - wie auch einige der Aussagen von DEMING (KIRSTEIN 1989, S. 488) - zielen ebenfalls letztlich in Richtung einer Verbesserung der Mitarbeitermotivation beispielsweise durch eine glaubhafte Darstellung der Ernsthaftigkeit der Qualitätspolitik des jeweiligen Unternehmens.

Diese kurze Darstellung macht bereits hier deutlich, daß viele häufig angewendete Methoden zur Verbesserung der Qualität im Groben in zwei Gruppen aufgeteilt werden können. Zum einen wird der durch die Maschine bzw. den maschinenbezogenen Fertigungsprozeß verursachte Fehler in den Mittelpunkt gestellt, zum anderen wird der Mensch in seiner Motivation, eventuelle Fehler zu verhindern, in den Vordergrund gerückt.

Nicht berücksichtigt werden Fragen der Mensch-Maschine-Interaktion - ein Bereich, der sich inhaltlich mit arbeitswissenschaftlichen Themen deckt. Hierbei sind Einflüße auf den Qualitätserstellungsprozeß, die durch den Menschen in seinen physiologischen und bezogen auf seine Leistungsfähigkeit psychischen Voraussetzungen gegeben sind, und die sinnvolle

Anpassung der Maschine an den Menschen zu behandeln. Dieser Themenbereich soll deshalb Gegenstand dieser Arbeit sein.

Bei näherer Betrachtung zeigt sich, daß insbesondere (wie in Kapitel 5.1 verdeutlicht wird) die Informationsaufnahme und -verarbeitungsprozesse als Fehlerort eine entscheidende Rolle spielen. Die Frage, die sich somit im arbeitswissenschaftlichen Kontext stellt, besteht darin, inwieweit arbeitswissenschaftliche Gestaltungsmaßnahmen eine Hilfestellung zur Förderung der Qualität leisten können und damit dem Qualitätsverbesserungsprozeß dienlich sind.

Zur Erörterung derartiger Gestaltungsmaßnahmen müssen attributive Begriffe ausgewählt werden, die eine Gestaltungsmaßnahme für den qualitätsverbessernden Gestaltungsprozeß charakterisieren.

Der Begriff der „Qualitätswirksamkeit" soll Maßnahmen oder Zustände kennzeichnen, die für den Qualitätsverbesserungsprozeß nicht neutral sind, d.h. den Qualitätsverbesserungsprozeß in positiver oder auch negativer Art beeinflussen können.

Der Begriff der „Qualitätsförderlichkeit" soll eine Maßnahme oder einen Zustand beschreiben, der für den Prozeß der Qualitätsverbesserung im Unternehmen förderlich ist, d.h. ihn in positiver Art und Weise unterstützt.

Unter Benutzung dieser beiden Begriffe können nun arbeitswissenschaftliche Gestaltungsmaßnahmen in Hinblick auf ihre Wirkung auf eine Qualitätsverbesserung im Rahmen einer Total-Quality-Strategie erörtert werden. Der arbeitswissenschaftliche Kontext hierzu wird im folgenden dargestellt.

## 3 Darstellung der Qualitätsrelevanz in der Forschungskonzeption der Arbeitswissenschaft

Die aktuelle Forschungskonzeption der Arbeitswissenschaft hat in ihrem Schwerpunkt die prospektive Arbeitswissenschaft als Gegenstand und zielt auf einen ganzheitlich ausgerichteten Gestaltungsraum, in dem „arbeitswissenschaftliche Erkenntnisse und Erfahrungen schon ab der Entstehungsphase von technischen und/oder organisatorischen Entwicklungen" (HACKSTEIN 1990a) integriert werden.

Die prospektive Arbeitswissenschaft ist dabei, wie zahlreiche Forschungsprojekte der letzten Jahre belegen, eng mit den Gestaltungszielen

1. Ausführbarkeit,

2. Schädigungslosigkeit,

3. Beeinträchtigungsfreiheit und

4. Persönlichkeitsförderlichkeit

verbunden.

Die Gestaltungsziele 1 - 3 werden mit bestimmten Mindestausprägungen als Voraussetzung für das Gestaltungsziel der Persönlichkeitsförderlichkeit angesehen (HACKER 1986, S. 511).

Ausgehend von einer 1986 durchgeführten Befragung vieler Hochschulen sowie einer Inhaltsanalyse der Durchsicht von Veröffentlichungen in der Zeitschrift für Arbeitswissenschaft (ZfA) der Jahre 1984 - 1985 wurde von LUCZAK, VOLPERT, RAEITHEL und SCHWIER (1989) versucht, den Gegenstandskatalog der Arbeitswissenschaft zu aktualisieren.

Der Bedarf hierzu war für die Gesellschaft für Arbeitswissenschaft als Auftraggeber gegeben, da im Rahmen der sich ändernden Produktionsbedingungen durch neue Techniken, der fortschreitenden Automatisierung sowie des gesellschaftlichen Wandels der Wertvorstellungen sich auch die Arbeit selbst von ihrem Inhalt her, ihrer Bedeutung, sowie ihrer Rahmenbedingungen ändert.

Die im Rahmen der o.a. Studie entwickelte Kerndefinition verbindet die traditionelle Arbeitswissenschaft mit der oben erwähnten aktuellen Arbeitswissenschaft:

Die Arbeitswissenschaft wird demnach definiert als „Systematik der Analyse, Ordnung und Gestaltung der technischen, organisatorischen und sozialen Bedingungen von Arbeitsprozessen mit dem Ziel, daß die arbeitenden Menschen in produktiven und effizienten Arbeitsprozessen:

- schädigungslose, ausführbare, erträgliche und beeinträchtigungsfreie Arbeitsbedingungen vorfinden,

- Standards sozialer Angemessenheit nach Arbeitsinhalt, Arbeitsaufgabe, Arbeitsumgebung sowie Entlohnung und Kooperation erfüllt sehen,

- Handlungsspielräume entfalten, Fähigkeiten erwerben und in Kooperation mit anderen ihre Persönlichkeit erhalten und entwickeln können" (LUCZAK, VOLPERT, RAEITHEL und SCHWIER 1989, S. 59).

Demgemäß sind beispielsweise zu den belastungsbezogenen physiologischen Gestaltungsbereichen ebenso die organisatorischen und qualifikatorischen Gestaltungsbereiche hinzuzuzählen. Sie sind in einem gemeinsamen Prozeß zu gestalten, bei dem Organisation, Technik und Qualifikation gleichzeitig betrachtet werden (HACKSTEIN, HEEG 1990).

Als Ordnungskriterium wird in der von der Gesellschaft für Arbeitswissenschaft initiierten Untersuchung die Person als Schnittpunkt von Arbeitswelt und Lebenswelt gewählt; des weiteren werden personenzentrierte Struktur- und Verlaufsebenen des Arbeitsprozesses aufgeführt. Abbildung 3.1 zeigt ein solches Modell der personenzentrierten Struktur- und Verlaufsebenen des Arbeitsprozesses.

Luczak et. al. fügen diesen Ebenen einen durch ihre Befragung operationalisierten Katalog von arbeitswissenschaftlich relevanten Aspekten hinzu, aufgeteilt in Grundwissen, Methode und Anwendung. Es liegt somit ein recht vollständiger Katalog arbeitswissenschaftlich relevanter Gestaltungsaspekte vor.

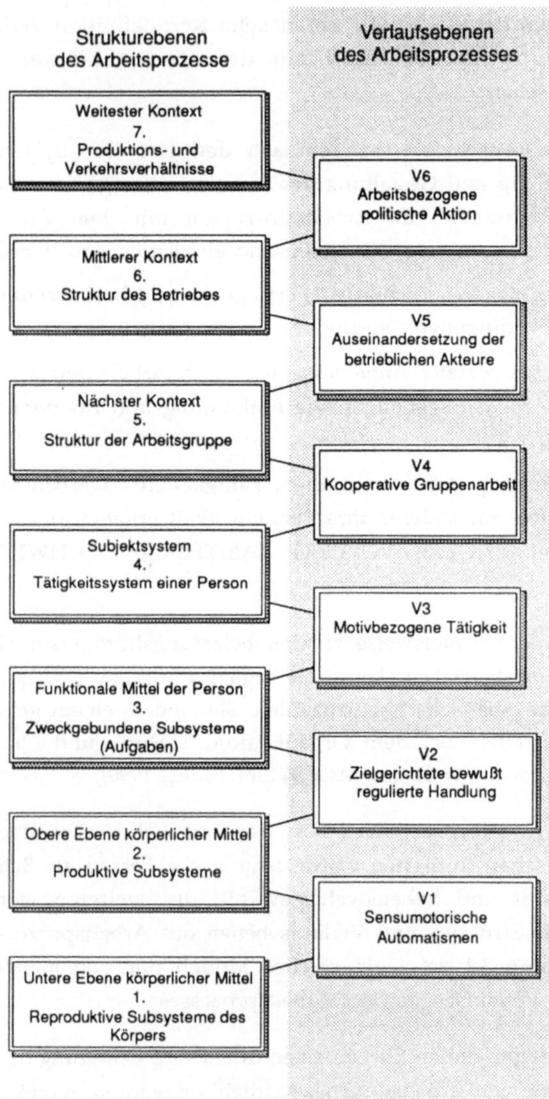


Abb. 3.1: Personenzentrierte Struktur- und Verlaufsebenen des Arbeitsprozesses (LUZAK et al 1989, S. 71)

Bei der Betrachtung der Qualitätssicherung unter dem Blickwinkel möglicher arbeitswissenschaftlicher Gestaltungsbereiche kann hier nur zunächst eine Querschnittsmatrix erstellt werden; hierbei können gemäß der Problemstellung „Qualität" die relevanten Gestaltungsaspekte aus dem oben erwähnten Katalog der Gestaltungsaspekte isoliert werden. Da es sich beim Thema „Qualität" aber zunächst um eine generelle Optimierung fast aller Unternehmensbereiche, Elemente und Verhaltensweisen der Tätigen - wie das Total-Quality Konzept deutlich macht - und damit auch um eine Optimierung von Arbeitssystemen handelt, werden die aufgeführten Gestaltungsaspekte in ihrer Bedeutung und ihrer Wirkung auf das Qualitätsgeschehen ohne weiteres nicht identifiziert werden können.

Die originär qualitätswirksamen Faktoren und deren spezifische Wirkungszusammenhänge, die im Rahmen einer qualitätsorientierten Gestaltung besonders berücksichtigt werden müssen, werden naturgemäß nicht erfaßt, und es sind demnach auch komplexe ganzheitliche arbeitswissenschaftliche Gestaltungsmaßnahmen bezüglich ihrer Qualitätsförderlichkeit nicht beurteilbar. Die vorliegende Arbeit versucht deshalb, anhand einer empirischen Erhebung die qualitätswirksamen Gestaltungsfaktoren bzw. -restriktionen für den arbeitswissenschaftlichen Gestaltungsbereich zu erfassen.

# 4 Vorgehensweise zur Analyse der Qualitätsförderlichkeit arbeitswissenschaftlicher Gestaltungsmaßnahmen

Zur Überprüfung der Förderlichkeit arbeitswissenschaftlicher Gestaltungsmaßnahmen bezüglich der Sicherung der Qualität müssen die Gestaltungsgegenstände dieser beiden „Problembereiche" - des angesprochenen Problembereiches der Arbeitswissenschaft und des mit der Sicherung der Qualität zusammenhängenden - inhaltlich in einem Modell abgebildet werden. Dies kann über ein Modell geschehen, das die qualitätsrelevanten Gestaltungsaspekte im arbeitswissenschaftlichen Gestaltungsraum abbildet.

Um das Wirkungsgefüge der qualitätsrelevanten Gestaltungsaspekte im arbeitswissenschaftlichen Gestaltungsraum praxisnah zu untersuchen, werden die hierfür erforderlichen Faktoren und deren Zusammenhänge in Form von Kausalketten im Rahmen der vorliegenden Arbeit empirisch erhoben.

Hierbei wird davon ausgegangen, daß das qualitätsrelevante Wirkungsgefüge zum großen Teil **in einzelnen Komponenten** bei den erfahrenen Mitarbeitern eines Unternehmens bekannt ist, und die einzelnen Komponenten als Wissenskomponenten eruiert werden können. Bekannte herkömmlich anerkannte arbeitswissenschaftliche Erhebungsmethoden wie der Fragebogen zur Arbeitsanalyse (FAA) (FRIELING, HOYOS 1978) oder das arbeitswissenschaftliche Erhebungsverfahren zur Tätigkeitsanalyse (AET) (ROHMERT, LANDAU 1978) sind in einem Stadium, in dem der Gegenstandsbereich selbst erhoben werden muß, nicht anwendbar, da sie auf einen bekannten Gegenstandsbereich gründen.

Es werden deshalb Erhebungen mittels der Moderationsmethode, Erhebungsbögen, Interviews und Beobachtungen durchgeführt, die geeignet sind, die einzelnen Wissenskomponenten zu erheben bzw. diese durch objektive Messungen ergänzen oder bestätigen zu können. Hierzu müssen die einzelnen Komponenten so erhoben werden, daß sie Ursachen-Wirkungszusammenhänge darstellen - also einzelne **Kausalketten** bilden. Die Kausalketten können anschließend in **einem** Wirkungsmodell abgebildet werden. Hiermit läßt sich aus den Einzelkomponenten das komplexe gesamte Wirkungsgefüge bilden, das als Grundlage für die Beurteilung der

Förderlichkeit arbeitswissenschaftlicher Gestaltungsmaßnahmen auf die Sicherung der Qualität dienen kann.

Die beschriebene Vorgehensweise ist in Abbildung 4.1 grafisch dargestellt. Die Erhebung der einzelnen Kausalketten wird anhand einer konkreten qualitätsrelevanten Schwachstellenbetrachtung in zwei Unternehmen (in Abbildung 4.1 durch „A" gekennzeichnet) vorgenommen (Kapitel 5.3).

Hierbei werden nicht nur die Schwachstellen selbst erhoben, sondern auch ihre Ursachen. Jeder Schwachstelle müssen eine oder mehrere Ursachen zugeordnet werden. Die **Schwachstellen** selbst sind die **Wirkungen**, die im Unternehmen „sichtbar" werden und beruhen auf verschiedenen **Ursachen**. Da die Schwachstellen teilweise selbst Ursachen für andere Schwachstellen sind, bildet sich ein komplexes Ursachen-Wirkungsgefüge. Dieses Wirkungsgefüge muß so in einem Zuordnungsmodell abgebildet werden, daß gemäß der arbeitswissenschaftlichen Gestaltungshierarchie die entsprechenden Gestaltungsebenen überlagert werden können. Um gleichzeitig Beziehungen, Kausalketten und Gestaltungsebenen darstellen zu können, wird das Zuordnungsmodell als Entity-Relationship-Modell (Kapitel 5.4 und Kapitel 5.5) abgebildet (in Abbildung 4.1 durch „B" gekennzeichnet). Ein solches Modell stellt damit ein auf den Untersuchungsraum bezogenes Wirkungsmodell zur Qualitätsproblematik im arbeitswissenschaftlich relevanten Gestaltungsraum dar (Kapitel 5.6).

Dieses Wirkungsgefüge dient als Grundlage der Beurteilung der Qualitätsförderlichkeit arbeitswissenschaftlicher Gestaltungsmaßnahmen. Anhand zweier konkreter Arbeitsplätze im Bereich der Qualitätsprüfung werden zunächst ergonomische Gestaltungen durchgeführt (in Abbildung 4.1 durch „C" gekennzeichnet) (Kapitel 6.3). Die Wirkung auf das Qualitätsgeschehen wird anhand des Entity-Relationship-Modells erörtert und die Notwendigkeit einer ganzheitlichen arbeitswissenschaftlichen Gestaltung in diesem Zusammenhang belegt (Kapitel 6.4). Eine so orientierte ganzheitliche Gestaltung wird anschließend dargestellt (in Abbildung 4.1 durch „C" gekennzeichnet) (Kapitel 6.5).

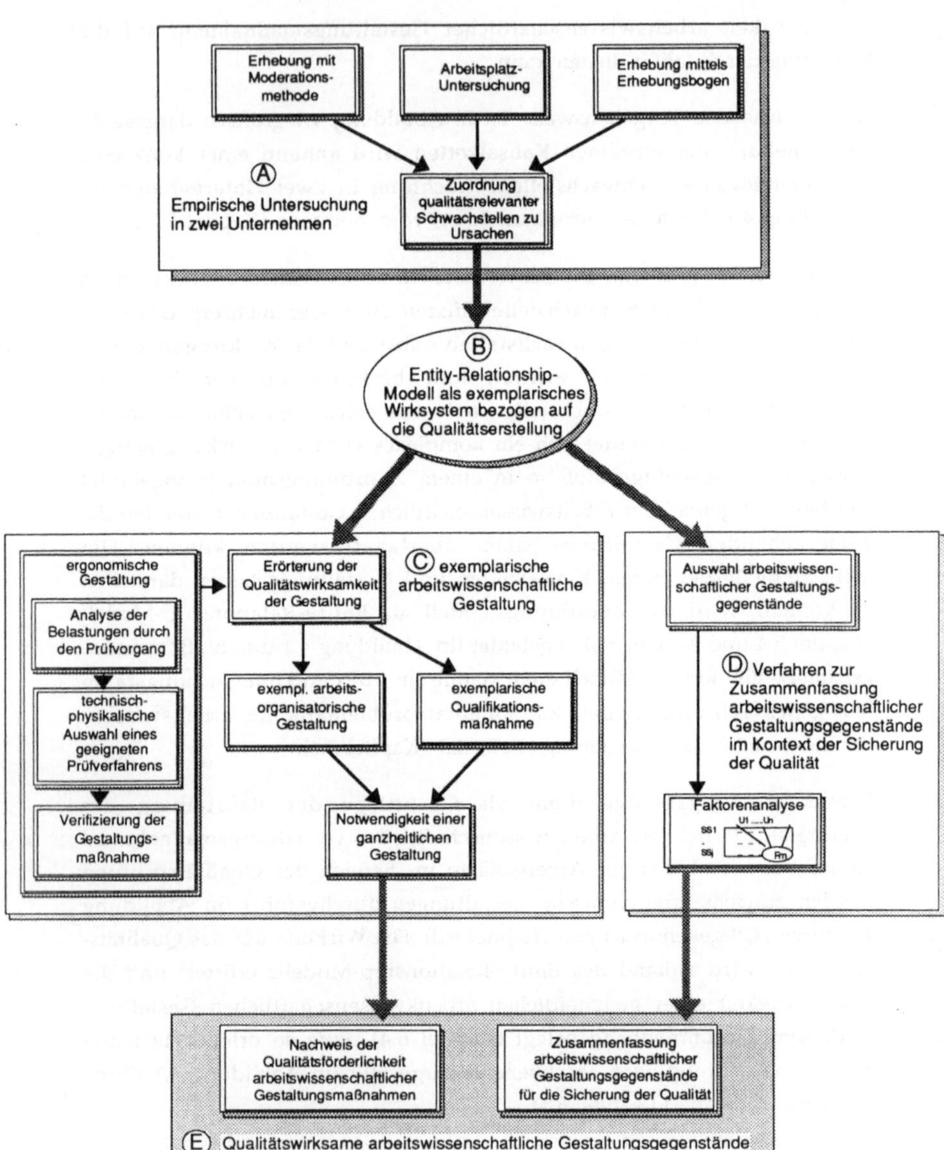


Abb. 4.1: Vorgehensmodell

Um abschließend die arbeitswissenschaftlichen Gestaltungsgegenstände zu isolieren, die der Förderung der Qualität dienen, wird eine Faktorenanalyse auf der Basis der gefundenen arbeitswissenschaftlich relevanten Ursachen-Wirkungspaare durchgeführt (in Abbildung 4.1 durch „D" gekennzeichnet).

Die Faktoren müssen interpretiert werden und in Form eines auf empirischen Ergebnissen beruhenden Themenbereiches zusammenfassend dargestellt werden. Dieser zusammenfassende Themenbereich soll die arbeitswissenschaftlichen Gestaltungsgegenstände für die Förderung der Qualität beschreiben (in Abbildung 4.1 durch „E" gekennzeichnet) (Kapitel 7).

Die empirischen Untersuchungen können aus Gründen des damit verbundenen Aufwandes nicht in vielen Unternehmen durchgeführt werden. Vor diesem Hintergrund ist die Verallgemeinerbarkeit der Untersuchung kritisch zu hinterfragen (Kapitel 5.6).

Dies ist ein weiterer Grund dafür, daß sich die vorliegende Arbeit inhaltlich auf den Bereich der Informationsaufnahme- und -verarbeitungsoperationen des Menschen im Kontext der arbeitswissenschaftlichen qualitätsrelevanten Gestaltung beschränkt. Dies bedeutet:

1. Da der Bereich der Informationsaufnahme- und -verarbeitungsoperationen des Menschen letztendlich, wie in Kapitel 5.1.1 und Kapitel 5.1.2 deutlich gemacht wird, den „Ort" darstellt, an dem qualitätswirksame Fehlleistungen des Menschen geschehen, ist dies nicht nur für die arbeitswissenschaftliche Seite der Untersuchung eine sinnvolle Einschränkung, sondern auch für den Problembereich der Sicherung der Qualität.

2. Mit der Einschränkung auf den Bereich der Informationsaufnahme- und -verarbeitungsoperationen des Menschen ist gleichzeitig eine Verbesserung einer möglichen Verallgemeinerbarkeit der in dieser Untersuchung aufgestellten Aussagen verbunden, da die Ursachen-Wirkungszusammenhänge im Bereich der Informationsaufnahme- und -verarbeitungsoperationen des Menschen weniger abhängig von spezifischen betrieblichen Gegebenheiten sind als beispielsweise qualitätsrelevante betriebsorganisatorische Untersuchungsgegenstände.

# 5 Untersuchung zur Ermittlung qualitätsrelevanter Ursachen-Wirkungszusammenhänge für die arbeitswissenschaftliche Gestaltung

Um die qualitätsrelevanten Ursachen-Wirkungszusammenhänge für die **arbeitswissenschaftliche** Gestaltung zu untersuchen, wird der arbeitswissenschaftliche Kontext dokumentiert und die Fehlleistungen des Menschen im Bereich der Informationsaufnahme- und -verarbeitungsoperationen wissenschaftlich erörtert.

## 5.1 Theoretische Grundlagen

Die Handlungsregulationstheorie (HACKER 1980) von HACKER ist bereits in zahlreichen Veröffentlichungen für die arbeitswissenschaftliche Gestaltung von Arbeitssystemen herangezogen worden (HEEG 1988a, HORNUNG 1990, etc.). An dieser Stelle soll deshalb nur kurz auf den theoretischen Kontext eingegangen werden und nur insoweit, wie es zur Begründung der methodischen und inhaltlichen Schritte dieser Arbeit notwendig ist.

Die Handlungsregulationstheorie „geht davon aus, daß das psychologisch Bedeutsame beim Handeln und auch bei der Arbeitstätigkeit die Regulation dieser Handlungen ist, allgemein gesprochen: Die Art und Weise, wie bestimmte Ziele des Handelns gebildet werden, wie sie in Teilschritte untergliedert werden und schließlich durch einzelne Teilhandlungen und Bewegungen erreicht werden" (VOLPERT et al 1983, S. 6). Ganz allgemein basieren diese Überlegungen auf einem einfachen Kybernetischen Modell, in dem dann das gezielte Handeln als Regelungsprozeß dargestellt wird (Abbildung 5.1).

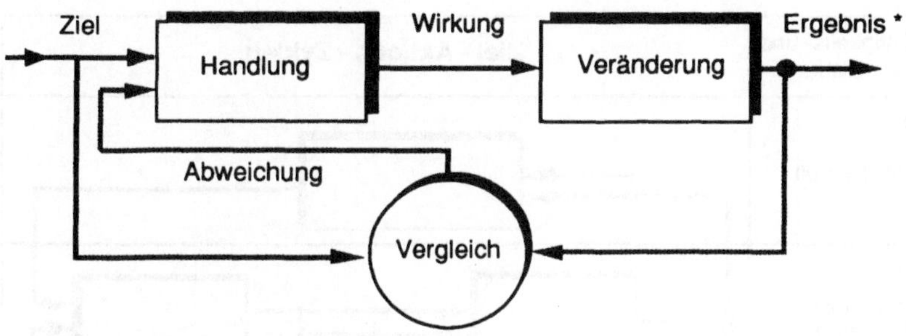



Abb. 5.1:  Kybernetische Basis-Struktur des gezielten Handelns (HEEG
           1988a, S. 13)

Durch das beabsichtigte Handeln versucht der Mensch, ein von außen oder
durch sich selbst gestelltes Ziel durch elementare Regelungsvorgänge zu erreichen. Im Kontext des „qualitätsbezogenen" Handelns ist es wichtig, daß
die Koordination dieser Regelvorgänge auf drei Tätigkeits- und Steuer-
ebenen stattfindet, wie sie in Abbildung 5.2 schematisch dargestellt sind
(HENNING, MARKS 1986).

Mehrere sequentielle Regelkreise auf der sensumotorischen Ebene (3) sind
Bestandteil der Regelstrecke von Regelkreisen, deren Regler der perzeptiv-
begrifflichen Steuerebene (2) angehören. Die Regeleinrichtungen der
Steuerebene (2) bilden in ihrer sequentiellen Zugehörigkeit wiederum die
Regelstrecke eines Regelkreises, dessen Regler der intellektuellen
Steuerebene (1) angehört (HEEG 1988a, S. 13).

Nun zeigt sich in der Praxis deutlich, daß der Mensch in seinen
Handlungsschritten nicht fehlerfrei ist und engen Leistungsgrenzen
unterworfen ist. Hierzu ergeben sich aus dem oben beschriebenen Ansatz
auf die psychische Regulation bezogen, eingeschränkt auf die industrielle
Praxis und unter Vernachlässigung sonstiger physiologischer Faktoren,
zwei Möglichkeiten, um eventuelle Leistungsgrenzen und damit mögliche
Orte von Fehlern zu beschreiben.

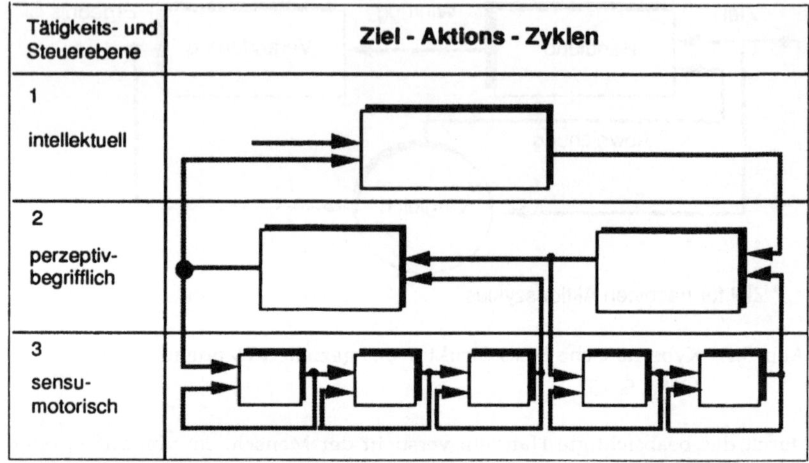


Abb. 5.2:  Koordination der Ziel-Aktions-Zyklen. (Nach VOLPERT 1975, zitiert bei HENNING, MARKS 1986, S. 226)

Die Leistungsunzulänglichkeiten können zum einen an der Schnittstelle des Menschen zur Außenwelt - der **Informationsaufnahme** - beobachtet werden, zum anderen sind sie durch Leistungseinbußen innerhalb der menschlichen **Informationsverarbeitung** denkbar (in Anlehnung an BUBB, SCHMIDTKE 1988, S. 727).

## 5.1.1  Fehlleistungen bei der Informationsaufnahme

Die Fehlleistungen bei der Informationsaufnahme werden in Kapitel 6 näher beschrieben, da dort die Informationsaufnahme anhand des Beispiels des optischen Informationskanals näher diskutiert werden muß.

Bei der Vermeidung derartiger Fehlleistungen des Menschen am Arbeitsplatz geht es darum, die Arbeitsplätze so dem menschlichen Leistungsvermögen anzupassen, daß der Mensch auch qualitätsrelevante Signale mit ausreichender Sicherheit aufnehmen und verarbeiten kann.

Die bei der Betrachtung derartiger Fehlleistungen zu berücksichtigende physiologische Informationsumsetzung, d.h. die Umsetzung der generierten Handlungssequenzen in die Realität, ist, bezogen auf die den

**Muskelbewegungen** zugrundeliegenden Vorgänge, ausreichend erforscht (BUBB, SCHMIDTKE 1988, S. 737).

Hier sind beispielsweise neben den praxisorientierten Studien von Schmidtke über Bewegungsgenauigkeit (SCHMIDTKE 1961) auch Meßverfahren vom Autor selbst entwickelt worden, die im Rahmen des Umgangs mit Handwerkzeugen zu einer Optimierung genauigkeitsabhängiger Bewegungsvorgänge führen (HEEG, KLEINE, BAHSIER 1989). Da diese Problemstellung jedoch eher in der handwerklichen als in der industriellen Praxis relevant sind, werden sie im Rahmen dieser Arbeit nicht weiter betrachtet.

### 5.1.2  Fehlleistungen bei der Informationsverarbeitung

Leistungseinbußen innerhalb der menschlichen Informationsverarbeitung werden von mehreren Parametern beeinflußt. Die Analyse dieser Parameter ist stark modellabhängig. Bezogen auf die „Kognitive Gesamtschau" (BUBB, SCHMIDTKE 1988, S. 727) kommt offensichtlich dem Gedächtnis eine besondere Rolle zu. So kann der Mensch nur die Fehler, die sich an sein Gedächtnis anbinden lassen, d.h. bei denen er bereits konkrete Verarbeitungserfahrungen gemacht hat, ohne die andernfalls hervorgerufene Ratlosigkeit direkt interpretieren, und er kann damit sinnvolle, korrigierende Regelvorgänge einleiten.

Nach LINDSAY und NORMAN (1972) werden darüber hinaus die in der ersten Stufe, dem sensorischen Gedächtnis, gespeicherten Daten (Erregung der Rezeptoren und der ihnen unmittelbar nachgeschalteten Neuronen) mit einer Zeitkonstante von ca. 150 ms durch die sog. „Vergessenskurve" beschrieben. Dem sensorischen Gedächtnis ist das Kurzzeitgedächtnis mit einer Vergessenszeit von 3-4 s und mit einer begrenzten Kapazität von $7 \pm 2$ psychologischen Einheiten nachgeschaltet (MILLER 1965, bei: BUBB, SCHMIDTKE 1988. S. 741). Bei ständiger Wiederholung abgewogener Informationen werden diese dem Langzeitdächtnis zugeführt. Bei weiterer seltener Wiederholung können auch Inhalte des Langzeitgedächtnisses wieder verloren gehen. Diese nicht endgültig gespeicherten Inhalte werden dem sekundären Gedächtnis als Teil des Langzeitgedächtnisses zugeordnet. Bei jahrelangem Üben werden Informationen dem tertiären Gedächtnis, einem besonderen Teil des Langzeitgedächtnisses, das sich durch sehr geringe Zugriffszeiten auszeichnet, zugeführt.

Mit Hilfe dieses Modells ist ein Verständnis des hochgeübten Handelns - beispielsweise der Fließbandarbeit an einer Maschine - möglich, aber auch die Erklärung qualitätsrelevanter Fehlleistungen.

Informationen werden im menschlichen Gedächtnis nicht passiv gespeichert, sondern aktiv analysiert: hierbei wird versucht, diese Informationen in ein vorhandenes Konzept einzugliedern. So zeigen viele Beobachtungen, daß das Gedächtnis nur Generalisierungen enthält. „Wenn auf diese Weise innere Strukturen aufgebaut sind, die eine adäquate (nicht objektive (Anm. des Verf.)) Repräsentation der äußeren Welt mit ihren Gesetzmäßigkeiten darstellt, ist der Denkprozeß nicht mehr abhängig von der Umgebung. Statt dessen kann die Abfolge der Ereignisse durch eine mentale Simulation antizipiert werden" (BUBB, SCHMIDTKE 1988, S. 741f). Mit Hilfe einer mentalen Simulation werden Handlungen und deren Folgen „innerlich" vorweggenommen (LINDSAY, NORMAN 1972); es wird ein **inneres Modell** über den quasi gesetzmäßigen Verlauf der Handlungs-Folgen-Sequenzen geschaffen.

Dieses innere Modell läßt sich weiter differenzieren. Zum einen wird aufgrund der gegebenen Wahrnehmungskonfiguration eine bestimmte Handlungssequenz erklärt (Wahrnehmungsanalyse-Modell), zum anderen wird eine Vorhersage beispielsweise über die erwartete Reaktion der Maschine auf die beabsichtigte Bedienungselementbewegungen (Handlungs-Wahrnehmungs-Modell) möglich. „Stimmt die dadurch bedingte Änderung der Wahrnehmungskonfiguration mit der erwarteten überein, bleibt der ganze Vorgang unbewußt, im anderen Falle wird - nach einer zeitvariablen Totzeit - eine Fehlhandlung bewußt" (BUBB, SCHMIDTKE 1988, S. 742). Eine solche Differenz - zwischen der Erwartung und den von den jeweiligen Rezeptoren aufgenommenen Wahrnehmungen der Umgebung - führt zu einer notwendigen Entscheidung für eine andere Handlung. „Demnach ist anzunehmen, daß wir über eine Vielzahl von durch Erfahrung gewonnenen Modellpaaren für Handlung-Wahrnehmung und Wahrnehmung-Handlung verfügen, die in unserem Gedächtnis gespeichert sind, und die bei bestimmten Wahrnehmungskonfigurationen angesprochen werden" (BUBB, SCHMIDTKE 1988, S. 743).

Auf der Basis eines solchen Handlungsraumkonzeptes (KAMINSKI 1981, S. 108) bedeutet Planen somit Handlungen, ihre Bedingungen und ihre

Folgen innerlich vorweg zu nehmen. Ein solches inneres Modell ist mit dem Operativen-Abbild-System (OAS) von HACKER (1980), mit dem „Plan" von RITTER, GALANTER und PIBRAM (1973) und dem „aktuellen Lebensraum" bei LEVIN (1963) vergleichbar (HEEG 1988a, S. 19).

„Der sog. Entscheidungsmechanismus, der im wesentlichen unser Bewußtsein ausmacht, spielt danach zunächst die Handlungs-Wahrnehmungs-Modelle in Gedanken durch ... und wählt dann dasjenige Modellpaar für die eigentliche Handlung aus, ... das in der gegebenen Situation den größten **Nutzen** verspricht" (BUBB, SCHMIDTKE 1988, S. 743).

Wird aufgrund von mehreren möglichen zu erwartenden Ereignissen eine Entscheidung für die eine oder andere Alternative notwendig, so wird diejenige bevorzugt, die am wahrscheinlichsten scheint, beispielsweise durch eine Abschätzung, die aufgrund der Häufigkeit der bei ähnlichen Fällen eingetroffenen Ereignisse geschieht (SHERIDAN, FERREL 1974, bei: BUBB, SCHMIDTKE 1988, S. 744). Der erwartete subjektive Nutzen einer Entscheidung setzt sich damit aus einer Schätzung des Nutzens und einer subjektiven Schätzung der zu erwartenden Zustände zusammen (vgl. BUBB, SCHMIDKTE 1988, S. 744).

Das innerliche Vorwegnehmen von Folgen und deren Beurteilungsgenauigkeit hat prinzipiell allerdings Voraussetzungen, die in vielen Fällen nicht gegeben sind (HACKER 1986, S. 301):

„Der Wert bzw. der Nutzen einer aus einer Beurteilung abgeleiteten Maßnahme bestimmt sich nicht nach einem Sachverhalt, sondern nach einer Vielzahl von Sachverhalten, und die eindeutige Quantifizierung von Wert bzw. Nutzen ist nicht durchgängig möglich" (HACKER 1986, S. 301).

Das qualitätsrelevante Problem dieses Entscheidungsmechanismus ist somit zum einen in den subjektiven und durch eine Vielzahl von Möglichkeiten geprägten **Nutzenabwägungen** zu suchen und zum anderen in der **subjektiven Schätzung** des zu erwartenden auf die Handlung folgenden Zustandes.

Die Entscheidung eines Menschen ist demnach dadurch geprägt, „daß die Entscheidung wesentlich durch innere Modelle (von denen einige falsch sein können) beeinflußt wird, daß der **augenblickliche** Nutzen im Vordergrund steht und daß eventuell wichtige Faktoren unberücksichtigt bleiben, weil (unter anderem (Anm. des Verf.)) der augenblickliche Aktionsbereich des Entscheidungsmechanismus durch die Kapazität des Kurzzeitgedächtnis eingeschränkt ist" (BUBB, SCHMIDKTE 1988, S. 744). Das kann beispielsweise im Falle einer Montage zu einem nachlässigen Weglassen eines Bauteils führen, um einen bestimmten Zeittakt einhalten zu können. Solche Prozesse werden somit sehr stark von äußerlichen, die subjektiven Nutzenabwägungen beeinflußenden Faktoren des betrieblichen Umfeldes geprägt. Hiermit sind auch extrinsische Motivatoren, sowie Zufriedenheitsaspekte angesprochen. Die Gestaltung dieser äußeren Faktoren ist somit ein wichtiger Beitrag zur Unterstützung qualitätsförderlicher Entscheidungen.

Es deutet sich bereits hier an, daß eine ganzheitliche Gestaltung qualitätsförderlicher ist als beispielsweise eine rein ergonomische Gestaltung, d.h. neben den ergonomischen, die Informationsaufnahme betreffenden Einflüssen, müssen auch äußere zusätzliche Faktoren des betrieblichen Umfeldes, die die Informationsverarbeitung positiv beeinflussen, gestaltet werden, um möglichst fehlerfreies Handeln und Entscheiden zu ermöglichen.

## 5.2 Erhebungsverfahren

Da zwischen den die Nutzenabwägung bestimmenden Faktoren keine monokausalen Zusammenhänge bestehen und auch keine statischen Modelle der betrieblichen Gegebenheiten zugrundegelegt werden können, ist eine theoretisch-analytische Abbildung dieser Zusammenhänge praktisch nicht möglich. Bei ähnlichen Problemstellungen, beispielsweise in der Streßforschung, werden hierfür empirische Vorgehensweisen bevorzugt (ANTONI, BUNGARD 1989, S. 447ff.). Sie haben den Vorteil, daß sie die komplexe Wirklichkeit berücksichtigen. Anderseits ergeben sich bei diesen Vorgehensweisen immer aufgrund der Bedeutung subjektiver Wahrnehmungsprozesse grundsätzlich methodologische und erkenntnistheoretische Probleme (ANTONI, BUNGARD 1989, S. 447). Aus diesem Grunde können die Ergebnisse der im folgenden dargestellten Erhebung nur insoweit verallgemeinert werden, wie sie von den betrieblichen Gegebenheiten abstrahierbar sind. Dies wird in der Regel direkt nur für die Ergebnisse, die aus den spezifisch menschenbezogenen Grundzusammenhängen abgeleitet sind, gelten.

Unter Berücksichtigung der thematischen Einschränkung dieser Arbeit auf den arbeitswissenschaftlich relevanten Bereich der Fehlleistungen des Menschen bei den Informationsaufnahme- und -verarbeitungsprozessen ist ein Untersuchungsfeld angesprochen, das in vielen qualitätsrelevanten Einflußfaktoren von den jeweils spezifischen betrieblichen Gegebenheiten abstrahierbar ist.

Um das Wirkungsgefüge der qualitätsrelevanten Gestaltungsaspekte zu erfassen, sind umfangreiche Erhebungen der hierfür erforderlichen Einflußfaktoren und deren Zusammenhänge in Form von Kausalketten durchzuführen. Im folgenden werden diese Erhebungen daher zunächst in einem Unternehmen durchgeführt und geprüft, ob zum einen ein ausreichendes Untersuchungsfeld im Bereich der Fehlleistungen des Menschen vorhanden ist und zum anderen eine ausreichende Grundlage zur Aufstellung der qualitätsrelevanten Ursachen-Wirkungszusammenhänge im arbeitswissenschaftlichen Gestaltungsraum vorliegt.

Das ausgewählte Unternehmen bietet sich aus mehreren Gründen für eine solche Erhebung an:

1.  Das Unternehmen ist ein großes Unternehmen, das „High-Tech-Produkte" herstellt, die einen hohen Qualitätsstandard erfordern.

2.  Es stellt in einer auftragsgebundenen Einzelfertigung Anlagen her, bei denen auch Baugruppen in Kleinserien und Bauteile in Losgrößen bis zu 1000 Stck. gefertigt werden. Demgemäß ist die Fertigung in verschiedene Meisterbereiche aufgeteilt.

3.  Der aufbauorganisatorische Standard im Bereich des Qualitätswesens war zum Zeitpunkt der Untersuchung gemessen an den Möglichkeiten sehr niedrig, d.h. es war lediglich eine Abteilung „Qualitätsprüfung" vorhanden.

Hieraus ergeben sich für eine derartige Erhebung die folgenden günstigen Voraussetzungen:

-   Mit dem großen Fertigungsspektrum - es werden auftragsbezogen sehr unterschiedliche Anlagen von der Entwicklung und Konstruktion bis zur Fertigung, Montage und Verpackung hergestellt - ist eine hohe Anzahl möglicher Varianten und damit eine höhere Wahrscheinlichkeit möglicher verschiedener Fehler verbunden.

- In der Fertigung sind sehr verschiedene Arbeitsplätze und der Einsatz verschiedenster Maschinen zu finden.

- Da die Mitarbeiter sich öfter mit der Herstellung anderer unterschiedlicher Anlagen beschäftigen müssen, ist ihnen eine Reflexion über mehrere grundsätzliche Verhaltensprobleme, die zu Fehlleistungen führen können, zuzutrauen, da auch ihre fachliche Qualifikation "abstrahiertes Wissen" beinhalten muß.

- Es ist noch kein ausgereiftes Qualitätswesen vorhanden, so daß viele grundsätzliche qualitätsrelevante Probleme und damit auch Zusammenhänge noch „sichtbar" sind.

Die Einflußfaktoren auf die Fehlleistungen des Menschen bei Informationsaufnahme und -verarbeitungsoperationen, die durch die spezifischen Umstände einer reinen Serienfertigung bedingt sind - wie beispielsweise „Monotonie" -, werden allerdings in diesem Unternehmen (im folgenden als Unternehmen 1 bezeichnet) weniger repräsentiert.

Aus diesem Grunde wird eine weitere Untersuchung an Prüfplätzen eines Unternehmens der Großserienfertigung (im folgenden als Unternehmen 2 bezeichnet) durchgeführt, in der die Einflußgrößen, die durch die reine „Serienfertigung" bedingt sind, erörtert werden können. Hierbei findet eine Beschränkung im wesentlichen auf zeitabhängige arbeitsplatzbezogene Messungen statt. Auch Unternehmen 2 unterliegt als Automobilzulieferer einem sehr hohen Qualitätsstandard.

Zur Eruierung qualitätsrelevanter Einflußfaktoren, die im arbeitswissenschaftlichen Gestaltungsraum betrachtet werden können, kann eine Vorgehensweise gewählt werden, wie sie in Abb 5.3 grob dargestellt ist.

Bei der Erhebung der qualitätswirksamen Faktoren und damit des Ursachen-Wirkungsmodells wird - wie einleitend ausgeführt - unterstellt, daß das Wissen um die Zusammenhänge der Wirkungsfaktoren - also das qualitätsrelevante Wirkungsgefüge - in Einzelkomponenten bei den in den Unternehmen Tätigen (Experten) durch ihre komplexe Erfahrung vorhanden ist. Die Befragung mehrerer Personen führt dann zu einem komplexen Gesamtmodell. Die Erhebung ist demgemäß im Hinblick auf die in Kapitel

5.4 zu beschreibenden Ursachen-Wirkungsketten durchzuführen und entsprechend auszuwerten.

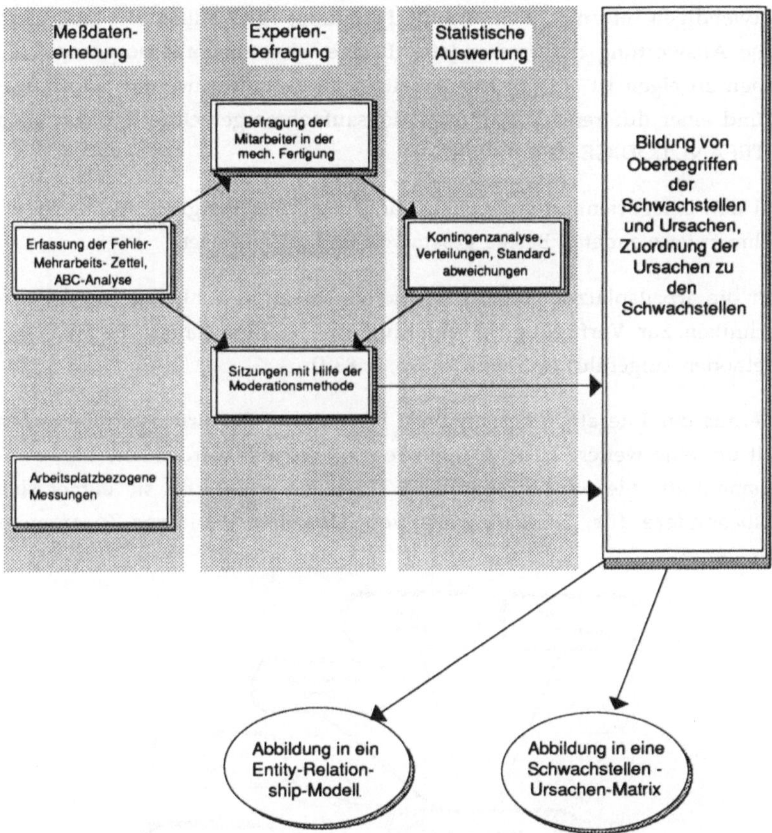


Abb 5.3: Erhebungsmodell

Prinzipiell stehen eine Reihe von Methoden zur Erhebung eines Istzustandes zur Verfügung. Eine Zusammenstellung und Erläuterung der Methoden zur Istzustandsanalyse befindet sich bei GAST (1985, S. 46ff). Demnach kann u.a. zwischen arbeitsplatzorientierten Methoden und Gruppenmethoden der Arbeitsanalyse unterschieden werden. Hierbei stellt die Analyse der im Unternehmen eingesetzten Belege einen Teilbereich der arbeitsplatzorientierten Untersuchungsmethode dar (STEFANI, LÖDIGE 1978, S. 3ff.).

Bei den arbeitsplatzorientierten Untersuchungen werden die einzelnen Arbeitsplätze im Hinblick auf die an ihnen verrichteten Tätigkeiten, die dazu notwendigen Informationen und die Fertigungs- und Hilfsmittel analysiert. Eine Auswertung der verwendeten Belege wird ebenfalls vorgenommen. Ihnen zu eigen ist ein höherer Arbeits- und Zeitaufwand, der jedoch aufgrund einer differenzierten Informationsaufnahme gerechtfertigt sein kann (STEFANI, LÖDIGE 1978, S. 40ff).

Bei den belegorientierten Untersuchungen werden lediglich die im Unternehmen verwendeten Belege gesammelt und ausgewertet.

Für die arbeitsplatzorientierten Methoden stehen verschiedene Aufnahmetechniken zur Verfügung. In Abbildung 5.4 werden häufig angewendete Methoden aufgeführt (MEFFERT 1975, S. 88ff).

Die aus der Literatur übernommene Darstellung der Erfassungsmethoden soll um eine weitere Ist-Aufnahme-Technik ergänzt werden: die Moderationsmethode. Sie wird in Kapitel 5.3.2 näher erläutert - sie eignet sich insbesondere für die Erfassung von Ursachen-Wirkungs-Zusammenhängen.

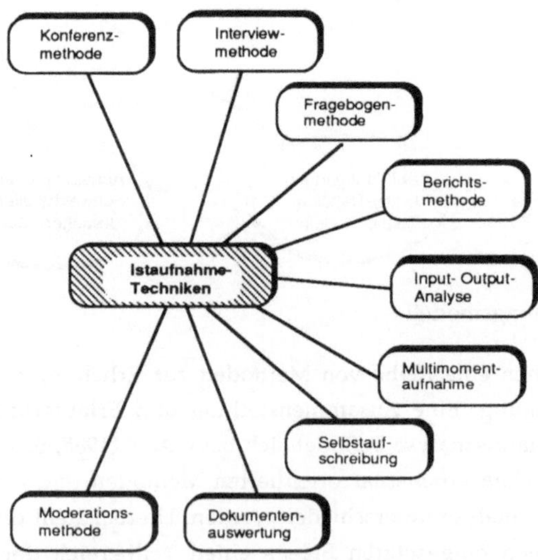


Abb. 5.4: Ist-Aufnahmetechniken (in Anlehnung an MEFFERT 1975)

Zur Erfassung der qualitätswirksamen Schwachstellen mittels Expertenbefragung ist es erforderlich, zunächst eine Auswertung der Fehlermehrarbeitszettel durchzuführen. Deren Ergebnisse dienen der exemplarischen Erfassung aktueller qualitätswirksamer Problempunkte im jeweiligen Unternehmen. Deuten die Ergebnisse auf qualitätsrelevante Schwachstellen hin, die im Zusammenhang mit Fehlleistungen des Menschen im Bereich der Informationsaufnahme- und -verarbeitungsoperationen stehen, so zeigt dies, daß der Untersuchungsraum absehbar den zu erfassenden Problembereich beinhaltet.

## 5.3  Erhebung

Insgesamt wurden im Unternehmen 1:

-       eine Auswertung von Fehlermehrarbeitszetteln zur exemplarischen Erfassung qualitätswirksamer Problempunkte,

-       eine Erhebung mittels Erhebungsbogen in der Fertigung zur Erfassung qualitätswirksamer Schwachstellen und Ursachen,

-       drei Erhebungen mit Hilfe der Moderationsmethode zur Erfassung qualitätswirksamer Schwachstellen, Ursachen und deren Zusammenhänge und weiterhin

im Unternehmen 2

-       arbeitsplatzbezogene zeitabhängige Fehlerhäufigkeitmessungen zur ergänzenden Erfassung typischer qualitätswirksamer Schwachstellen-Ursachen-Zusammenhänge, die durch eine reine Serienfertigung bedingt sind,

durchgeführt.

## 5.3.1  Auswertung der Fehlermehrarbeitszettel

Fehlermehrarbeitszettel dienen der Dokumentation von Fehlerursachen. Sie werden zu jedem fehlerhaften Bauteil, dessen Fehler zur Nacharbeit oder zum Ausschuß führt, ausgefüllt.

Insgesamt wurden 240 Fehlermehrarbeitszettel ausgewertet. Zur Verdeutlichung der Ergebnisse werden diese in einem Pareto-Diagramm

(HACKSTEIN 1988, S. 121) dargestellt. Hierbei werden die Fehler nach ihrer Häufigkeit aufgetragen und summiert. Mit Hilfe der Pareto-Analyse werden die wichtigsten Fehler, d.h. die Fehler, die den höchsten Anteil an allen Fehlern besitzen, aufgedeckt und im Diagramm in der Reihenfolge ihrer Wichtigkeit aufgetragen.

Abbildung 5.5 zeigt das Pareto-Diagramm der Fehlerursachen insgesamt und Abbildung 5.6 zeigt das Pareto-Diagramm der Fehlerursachen der zum Ausschuß führenden Fehler.

Maßabweichungen und falsch ausgeführte Arbeitsschritte verursachen laut Abbildung 5.6 mehr als 95 % der zum Ausschuß führenden Fehler.

Es zeigt sich hier, daß in beiden Auswertungen jeweils die „Maßabweichungen" den Hauptfehler darstellen. Maßabweichungen deuten allerdings in hohem Maße auf den Fehlerort der „Mensch-Maschine-Schnittstelle" hin, im Gegensatz beispielsweise zum Fehler „Arbeitsschritt falsch ausgeführt" der u.a. auf qualifikatorischen Problemen beruhen kann.

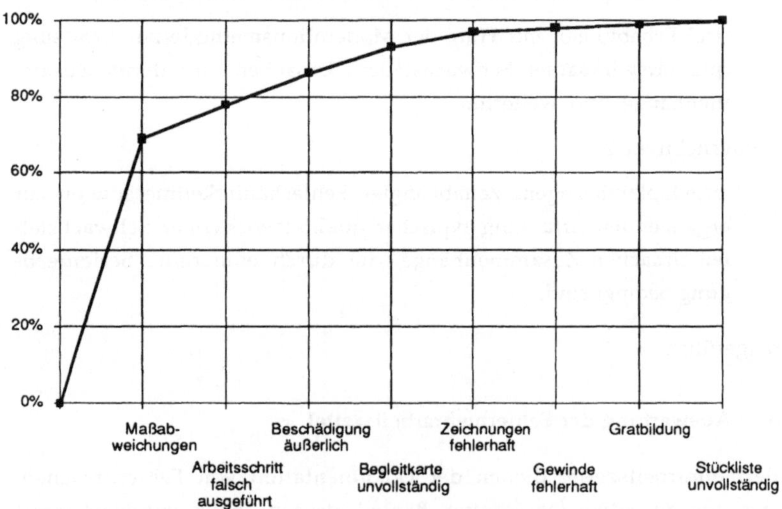


Abb 5.5: Pareto-Diagramm der Fehlerursachen, die aufgrund einer Auswertung von 240 Fehlermehrarbeitszetteln im Unternehmen 1 ermittelt wurden

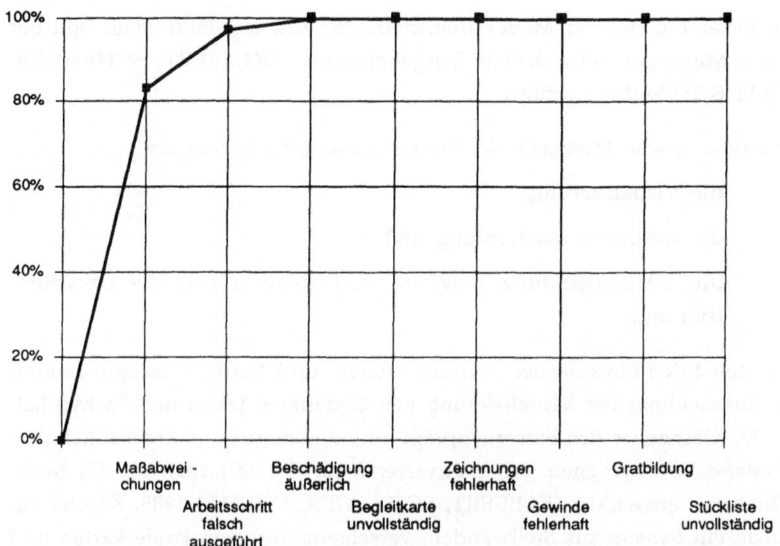



Abb 5.6:  Pareto-Diagramm der Fehlerursachen der zum Ausschuß führenden Fehler, die aufgrund einer Auswertung von 240 Fehlermehrarbeitszetteln im Unternehmen 1 ermittelt wurden

Die Ergebnisse der Auswertung der Fehlermehrarbeitszettel dokumentieren damit die Eignung des Untersuchungsfeldes für den thematischen Schwerpunkt dieser Erhebung.

## 5.3.2  Erhebung mit Hilfe der Moderationsmethode

Die Erhebungen dienen - wie bereits dargestellt - dem Aufbau eines komplexen Ursachen-Wirkungs-Modells qualitätsrelevanter Einflußfaktoren im arbeitswissenschaftlichen Gestaltungsraum. Sie werden anschließend zur weiteren Nutzung in ein geeignetes Beschreibungsmodell abgebildet. Im Rahmen der Analyse des Istzustandes muß somit nicht nur nach den Schwachstellen, sondern auch nach ihren Ursachen geforscht werden.

Hier bietet sich eine Erhebung mit der Moderationsmethode an, insbesondere da es sich hierbei auch um die Erhebung der mentalen Modelle der Experten handelt.

Die Erhebung mit der Moderationsmethode wird mit Hilfe einer von der Firma Metaplan entwickelten Vorgehensweise (KLEBERT, SCHRADER, STRAUB 1985) durchgeführt.

Charakteristische Merkmale der Moderationsmethode sind u.a.

- die Visualisierung,

- die Informationssammlung und

- die Lösungsfindung bzw. im vorliegenden Fall die Ursachenfindung.

Aus den Erkenntnissen der Wahrnehmungs- und Lernpsychologie stammt die Entwicklung der Visualisierung von Gedanken, Ideen und Sachverhalten. Da Gesehenes sich besser einprägt und zudem gut und anschaulich dargebotene Informationen sich motivierend auf die Mitarbeit der Sitzungsteilnehmer auswirken (KLEBERT, SCHRADER, STRAUB 1985, Kapitel A), wurde ein System aus Stellwänden, verschiedenfarbigen Papierkarten und Plakaten, die schon vor der Sitzung mit Fragestellungen oder Strukturierungshilfen vorbereitet werden, entwickelt. Die Papierkartentechnik ermöglicht jedem Teilnehmer, seine Gedanken, Ideen und Meinungen zum vorgegebenen Problem zum Ausdruck zu bringen.

Zur Informationsgewinnung werden Ideen und Meinungen der Teilnehmer zu einem vorgegebenen Problem gesammelt. Methodisch geschieht dies mittels vorbereiteter Papierkarten (KLEBERT, SCHRADER, STRAUB 1985, II B. 2.c.). Auf jeder Karte werden Stichworte bzw. kurze Erklärungen von den einzelnen Teilnehmern aufgeschrieben. Die so gesammelten Beiträge werden anschließend bewertet.

Im vorliegenden Fall wurden zunächst Schwachstellen bezüglich der Qualitätserstellung erhoben. Um eine möglichst vollständige Sammlung der Schwachstellen zu erhalten, wurden die aus der Erhebung mittels Erhebungsbogen ermittelten qualitätsrelevanten Schwachstellen (Kap. 5.3.3) ebenfalls miteingebracht.

Hierbei liegt eine Anlehnung an die Delphi-Methode vor, die dem Zweck dient, „durch Förderung der Übereinstimmung der informationellen Basis mehrerer Experten tragfähige Urteile über Prozesse zu erhalten, deren Gesetzmäßigkeiten nicht oder nur unvollständig bekannt sind" (BECKER

1974, S. 7). Bei der Delphi-Methode werden die Ergebnisse der Befragung von Experten beispielsweise durch einen Fragebogen in eine weitere Expertengruppe anonym eingebracht, deren Mitglieder nun die Möglichkeit haben, ihre eigenen Beiträge nach Kenntnisnahme der Antworten ihrer Kollegen gewissermaßen aus einer höheren Warte zu ergänzen, zu überarbeiten und gegebenenfalls zu korrigieren (BORTZ 1984, S. 189). Durch das anonyme Einbringen der Beiträge sollen gegenseitige Beeinflussungen beispielsweise durch unterschiedliche hierarchische Stellungen der Mitglieder in einem Unternehmen verhindert werden (BECKER 1974, S. 14f).

Aus diesem Grunde wurden die aus der Erhebung mit Hilfe des Erhebungsbogen ermittelten Schwachstellen jeweils anonym - d.h. durch die Moderatoren mit Hilfe vorbereiteter Karten - in die Teilnehmerrunde eingebracht. Alle Schwachstellen wurden anschließend durch die Teilnehmer gewichtet und ähnliche Schwachstellen zusammengefaßt.

Zu den so erhobenen Schwachstellen wurden Ursachen gesammelt, gewichtet und zugeordnet; d.h. es wurden mit Hilfe dieser Methode den qualitätswirksamen Schwachstellen von den Experten, die ein inneres mentales Modell der komplexen Abläufe und Zusammenhänge besitzen, jeweils mehrere Ursachen zugeordnet. Um subjektive Fehleinschätzungen einzelner Teilnehmer zu vermeiden, wurden nur die Schwachstellen und Ursachen zugelassen, die beim „Gewichtungsvorgang" von mindestens einem weiteren Teilnehmer als sinnvoll erachtet wurden. In dieser „Kontrollphase" können darüber hinaus Mißverständnisse und Fehlinterpretationen durch kurze Gespräche geklärt werden.

Für den Aufbau eines komplexen Modells der Ursachen-Wirkungsbeziehungen ist es nötig, über die gängigen diskreten Zuordnungen der Schwachstellen zu den Ursachen hinauszugehen. Dies kann durch eine Identifizierung von **Ursachen** und **Schwachstellen**, die inhaltlich gleichbedeutend sind, bewerkstelligt werden. Derartige so identifizierte Schwachstellen sind damit gleichzeitig Ursachen für andere Schwachstellen und ermöglichen bei einer späteren Abbildung (Kapitel 5.5) in ein Ursachen-Wirkungsmodell (Abbildung 5.12) als „Bindeglieder" erst den Aufbau eines realitätsnahen komplexen Modells der Ursachen-Wirkungsbeziehungen.

Die Sitzungen wurden mit folgenden Mitarbeitergruppen durchgeführt:

a)    GRUPPE 1: Konstruktion, Arbeitsvorbereitung, mechanische Ferti-
      gung und Schweißerei

b)    GRUPPE 2: Konstruktion und Kalkulation

c)    GRUPPE 3: Einkauf und Beschaffung

Bei der ersten Sitzung wurden elf Mitarbeiter, in der zweiten acht und der
dritten Sitzung zwölf Mitarbeiter einbezogen. Dies erfordert eine Normie-
rung bei der Auswertung der Gewichtungen, um die Ergebnisse der einzelnen Gruppen miteinander vergleichen zu können. Hierzu werden die
Punktzahlen in Prozente umgerechnet und die Gesamtpunktzahl jeder
Gruppe gleich 100% gesetzt. Tabelle 5.1 enthält die quantitativen Ergebnisse
der drei Gruppen. Die Zahlen in Klammern geben die Anzahl der gewichte-
ten Schwachstellen an, die im weiteren bei der Auswertung näher betrachtet und analysiert werden. Die vollständige Auflistung der Ergebnisse wird
im Anhang 10.1 aufgeführt.

| Gruppe | Schwachstellen | Ursachen |
|--------|----------------|----------|
| 1 | 56 (38) | 78 |
| 2 | 47 (23) | 65 |
| 3 | 40 (29) | 53 |

Tab. 5.1:   Quantitative Auflistung von Schwachstellen und deren
            Ursachen der drei Sitzungen mit Hilfe der Moderationsmethode

Um die Ergebnisse der einzelnen Gruppen nutzen zu können, werden die
Schwachstellen aus den drei Gruppen in entsprechende Bereiche zusammengefaßt und eine Schwachstellenbereichshierarchie erstellt. Die 13
Schwachstellen mit der höchsten Gewichtung sind in Abbildung 5.7
dargestellt.

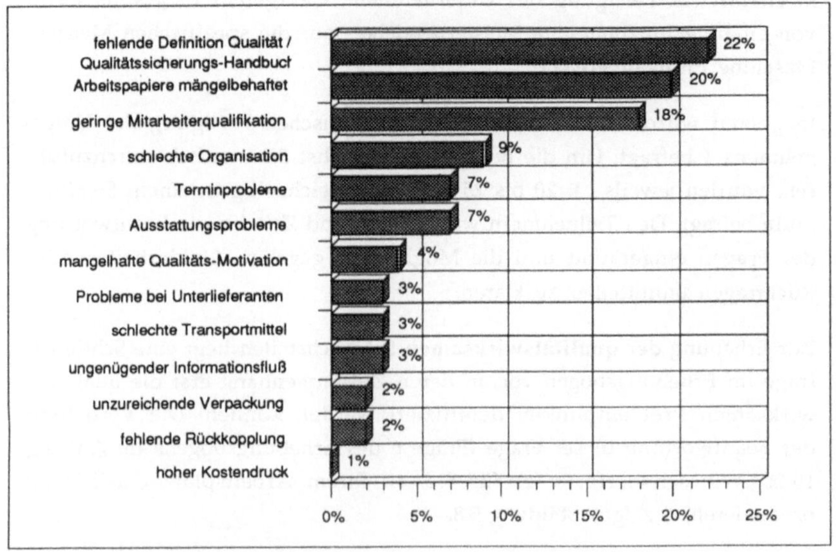


Abb. 5.7:  Schwachstellenhierarchie aus den Schwachstellen, die in den drei Erhebungen mit Hilfe der Moderationsmethode ermittelt wurden

Die konkrete Abbildung der erhobenen Schwachstellen-Ursachen-Zuordnungen erfolgt aus Gründen der Komplexität der Darstellung hier nicht, sondern wird an späterer Stelle - zusammen mit den Ergebnissen der übrigen Erhebungen - in Kapitel 5.5 (Abbildung 5.12) abgebildet. Ebenso wird bei der Darstellung der weiteren Erhebungen in Kapitel 5.3.3 und 5.3.4 verfahren.

### 5.3.3   Erhebung mittels Erhebungsbogen

Gegenstand der Erhebung mittels Erhebungsbogen sind qualitätsrelevante Fragestellungen. Die Darstellung des Erhebungsbogens befindet sich im Anhang 10.2. Der Erhebungsbogen legt z.T. Hypothesen über Fehlerzusammenhänge zugrunde, die aus der Literatur gewonnen wurden.

Während in den Sitzungen mit Hilfe der Moderationsmethode durch „globale" Fragestellungen auf die Eruierung allgemeiner insbesondere den Menschen betreffender qualitätswirksamer Problembereiche abgehoben wurde, zielt der Erhebungsbogen durch die Befragung der gesamten mechanischen Fertigung des Unternehmens - aufgeteilt in jeweils zwölf von einander unabhängige Meisterbereiche - auf die spezifischen Mensch-Maschine Problembereiche.

Insgesamt wurden 128 Personen der mechanischen Fertigung des Unternehmens 1 befragt. Um die Befragung möglichst ökonomisch durchzuführen, wurden jeweils ca. 20 bis 25 Personen gleichzeitig in einem Seminarraum befragt. Den Teilnehmern wurde genügend Zeit für die Beantwortung der Fragen eingeräumt und die Möglichkeit gegeben, Unklarheiten oder Rückfragen unmittelbar zu klären.

Zur Erhebung der **qualitätswirksamen** Schwachstellen liegt eine Schlüsselfrage im Erhebungsbogen vor, in deren Zusammenhang erst die qualitätswirksamen Problempunkte identifiziert werden können. Die Verteilung der Beantwortung dieser Frage (Frage 6 des Erhebungsbogens im Anhang 10.2: „Wie schwierig ist es für Sie, an Ihrem Arbeitsplatz Qualität zu produzieren?") zeigt Abbildung 5.8.

Über einen Kontingenztest können nun mögliche Abhängigkeiten in der Beantwortung dieser Frage zu den Beantwortungen anderer Fragen des Erhebungsbogens ermittelt werden. Signifikante Abhängigkeiten wurden mit Hilfe des Kontingenztests in den Beantwortungen der in Tabelle 5.2 aufgeführten Fragen zu der Beantwortung der Frage 6 des Erhebungsbogens ermittelt.

Eine kurze Beschreibung der Vorgehensweise des Kontingenztests liegt im Anhang 10.3 vor. Eine ausführliche Beschreibung des durchgeführten Kontingenztests sowie eine Auflistung aller Ergebnisse des Erhebungsbogens können aus Gründen des Umfanges an dieser Stelle nicht explizit aufgeführt werden. Der interessierte Leser kann diese Ergebnisse sowie die ausführliche Darstellung der verwendeten statistischen Verfahren jedoch in der Bibliothek des Forschungsinstituts für Rationalisierung (FIR) an der RWTH Aachen unter KLEINE (1990) einsehen.

Aus den mit Hilfe des Kontingenztests ermittelten Zusammenhängen werden qualitätsrelevante Schwachstellen formuliert. Beispielsweise ergibt sich aus Frage 15.6 (Tabelle 5.2 und Anhang 10.2), daß diejenigen, die in ihrem Arbeitsprozess öfters durch defekte Maschinen gestört werden, auch Schwierigkeiten bei der Einhaltung der Qualität haben. Hieraus kann

_- 35 -_

zunächst die qualitätsrelevante Schwachstelle „häufige Störungen durch defekte Maschinen" abgeleitet werden.

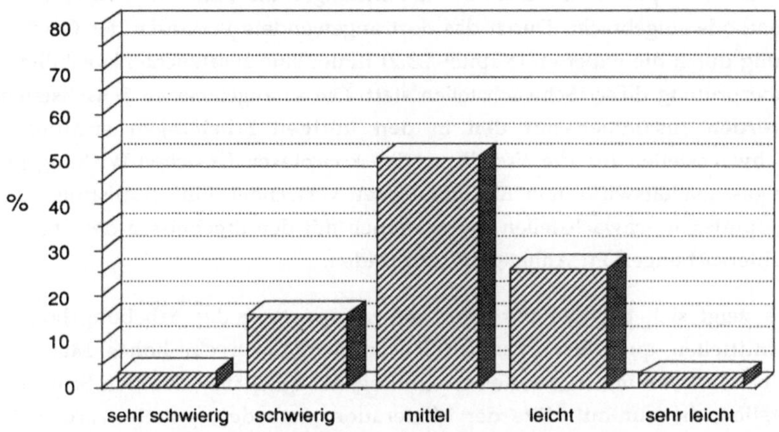


Abb. 5.8:  Verteilung der Antworten des Erhebungsbogens zur Frage 6 (Anhang 10.2): „Wie schwierig ist es für Sie, an Ihrem Arbeitsplatz Qualität zu produzieren?"

| Kontingenzkoeffizient $r_c$ / Signifkanzniveau $\alpha$ | | Fragennummer des Erhebungsbogens / formulierte Schwachstelle | |
|---|---|---|---|
| $r_c = 0{,}538$ | $\alpha = 0{,}05$ | 4.2 | Störungen durch defekte Maschinen |
| $r_c = 0{,}512$ | $\alpha = 0{,}05$ | 4.4 | Werkzeuge fehlen |
| $r_c = 0{,}517$ | $\alpha = 0{,}05$ | 7 | hohe Arbeitsmenge |
| $r_c = 0{,}473$ | $\alpha = 0{,}1$ | 8 | Termindruck |
| $r_c = 0{,}376$ | $\alpha = 0{,}05$ | 11.3 | schlecht lesbare Zeichnungen |
| $r_c = 0{,}505$ | $\alpha = 0{,}05$ | 15.1 | geringe Fertigungsgenauigkeit der Maschinen |
| $r_c = 0{,}451$ | $\alpha = 0{,}05$ | 15.5 | schlecht handhabbare Maschinen |
| $r_c = 0{,}410$ | $\alpha = 0{,}1$ | 15.6 | schlecht handhabbare Werkzeuge |
| $r_c = 0{,}419$ | $\alpha = 0{,}1$ | 15.11 | nicht zufriedenstellende Prüfmittel |
| $r_c = 0{,}429$ | $\alpha = 0{,}05$ | 17 | erhöhte Unfallgefahr am Arbeitsplatz |

Tab. 5.2:  Kontingenzkoeffizienten $r_c$ der Fragen des Erhebungsbogens, die die signifikante Abhängigkeit (Signifikanzniveaus $\alpha$) zu der Frage „Wie schwierig ist es für Sie, an Ihrem Arbeitsplatz Qualität zu produzieren?" beschreiben und die daraus formulierten Schwachstellen (Die Fragennummern beziehen sich auf den Erhebungsbogen im Anhang 10.2)

Die in Tabelle 5.2 aufgeführten qualitätswirksamen Schwachstellen werden in die in Kapitel 5.3.2 beschriebenen Sitzungen mit Hilfe der Moderationsmethode eingebracht. Durch das dort angewendete Verfahren der Gewichtung durch die Experten (Kapitel 5.3.2) findet eine zusätzliche Plausibilitätsüberprüfung dieser Schwachstellen statt. Die so zugelassenen Schachstellen werden zusammen mit den in den übrigen Erhebungen ermittelten Schwachstellen für die Erstellung des komplexen Ursachen-Wirkungsgefüges qualitätswirksamer Einflußfaktoren verwendet. Eine Auflistung aller gefundenen Schwachstellen ist zusammen mit den Ergebnissen der übrigen Untersuchungen im Anhang 10.4 zu finden.

Es zeigt sich bei den mit Hilfe der Auswertung des Erhebungsbogens ermittelten qualitätswirksamen Zusammenhängen ein hohes Maß der Übereinstimmung in der Kennzeichnung der qualitätswirksamen Schwachstellen, die nur mit Hilfe der Moderationsmethode ermittelt wurden. Es wurden nur wenige Schwachstelle durch die Auswertung des Erhebungsbogens zusätzlich aufgedeckt.

### 5.3.4 Arbeitsplatzbezogene Messungen und zeitabhängige Fehlerhäufigkeitsmessungen

Bei den arbeitsplatzbezogenen Messungen wurden Prüfplätze des Unternehmens 2 innerhalb der Sichtkontrolle näher untersucht, wobei insbesondere ergonomische Messungen durchgeführt wurden, die in Kapitel 6.3 näher erörtert werden.

Zur Feststellung der Ursachen-Wirkungszusammenhänge werden die im Rahmen dieser Untersuchung ermittelten zeitabhängigen Fehlerhäufigkeitsmessungen genutzt. Hierzu wurden Prüfplätze an Spritzgußmaschinen untersucht.

Bei diesen Prüfplätzen entnimmt die Prüfperson nach dem Spritzvorgang der geöffneten Form die Deckgläser und löst durch Tastenschalter den nächsten Spritzvorgang aus. Zur Fehlererkennung hält sie die Deckgläser mit beiden Händen über eine Arbeitsleuchte. Je nach Maschinenbediener/-in wird dabei mehr oder weniger in die blendende Arbeitsleuchte geschaut. Die Gläser werden dabei zunächst senkrecht zur Achse Auge-Deckglas gehalten (Suche nach weißen Punkten), anschließend um 90° gekippt, um durch Schauen über die Oberfläche (Spiegelung) Schlieren und Wolken festzustellen. Schließlich werden die Gläser beim Ablegen über die helle Arbeitsfläche nach schwarzen Punkten bzw. Einschlüssen abgesucht.

Die Gutteile werden gesondert von den wiederverwertbaren Schlechtteilen in dafür vorgesehene Transportkästen gelegt.

Zu den Aufgaben der Prüfperson gehören darüber hinaus
- Führen einer Fehlerliste und
- Mitteilungen an den Einrichter bei gehäuftem Auftreten von Fehlern.

Da die untersuchten Prüftätigkeiten in drei Schichten organisiert sind, werden die erkannten Fehler in Abhängigkeit der Schichtstunde gemittelt über mehrere Tage und Prüfpersonen in Abbildung 5.9 aufgetragen.

Hieraus ist zu ersehen, daß die Fehlererkennungsleistung über den Schichtzeitraum gemessen im Mittel bis zu 76% nachläßt, da davon auszugehen ist, daß die Spritzgußmaschinen - über einen ausreichend langen Zeitraum beobachtet - im Mittel eine konstante Anzahl von Fehlern produzieren. Die Monotonie der Arbeitstätigkeit wird durch Pausen nach der 3. oder 4. Stunde unterbrochen, wobei dann anschließend ein deutlicher Anstieg der Fehlererkennungsleistung zu verzeichnen ist. Hieraus ist - wie im allgemeinen bestätigt wird - abzuleiten, daß Vigilanzprobleme durch Monotonieeffekte qualitätswirksam sind.

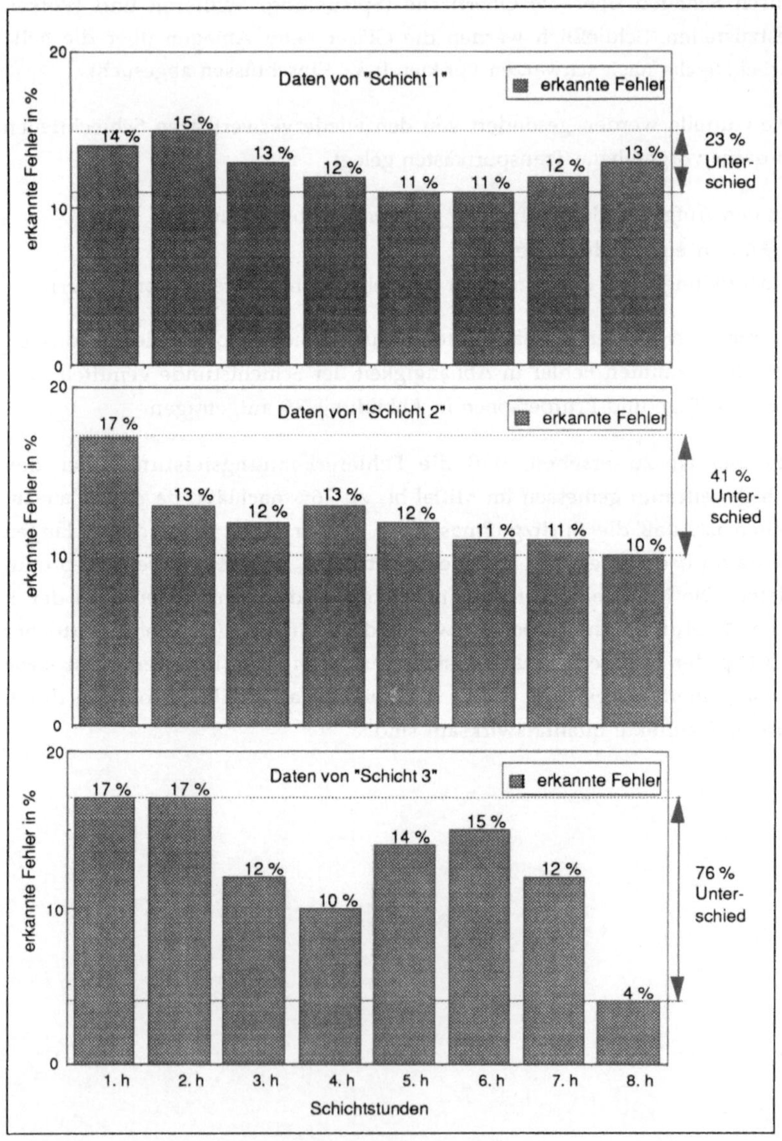


Abb 5.9: Fehlererkennungsrate bezogen auf die jeweiligen Schichten

## 5.4 Abbildung der Ursachen-Wirkungs-Zusammenhänge in einem Entity-Relationship-Modell

Zur Einordnung der qualitätswirksamen Schwachstellen und ihrer Ursachen in den arbeitswissenschaftlichen Gestaltungsraum wird zunächst der handlungstheoretische Kontext, der für das Verständnis der in dieser Arbeit dargestellten arbeitswissenschaftlichen Zusammenhänge wichtig ist, behandelt.

### 5.4.1 Handlungstheoretischer Kontext

Basierend auf der Handlungsregulationstheorie von Hacker kann eine zielgerichtete Analyse und Gestaltung von Arbeitssystemen in hierarchischer Form stattfinden. Für eine Arbeitssystemgestaltung können damit die hierarchisch verknüpften Ebenen die jeweilige Regulationsstruktur in ihren Bedingungen beleuchten und somit eine Voraussetzung zur sinnvollen Gestaltung bieten. Als Differenzierungsmaßstab wird die Höhe von Regulationsanforderungen verwendet. So weisen beispielsweise Arbeitsaufgaben bei Hilfstätigkeiten in der Fertigung generell niedrigere Regulationsebenen auf als bei Tätigkeiten von Facharbeitern.

Um hieraus Gestaltungsaspekte im arbeitswissenschaftlichen Sinne abzuleiten, muß die Tätigkeit in hierarchische Gestaltungsgegenstände gegliedert werden. Abbildung 5.10 zeigt diese prinzipielle Aufteilung.

Die **Tätigkeitsebene** wird vorwiegend durch organisatorische Ziele repräsentiert. Alle Regulationsprozesse und Aktionsprogramme, die einem auf die Tätigkeitsebene bezogenen Ziel zugeordnet werden können und hiervon abgeleitet sind, bilden dann eine **Arbeitsaufgabe** (VOLPERT et al 1983, S. 40). Die Aufgaben selber können wiederum in **Arbeitseinheiten** aufgeteilt werden, die jeweils eine logische und zeitliche Abfolge der menschlichen und der damit gekoppelten technischen Eingriffe darstellen (MOLDASCHL, WEBER 1986, S. 88).

Jede Arbeitseinheit setzt sich aus einzelnen ebenfalls dem Ziel der Arbeitsaufgabe zugeordneten **Handlungselementen** zusammen.

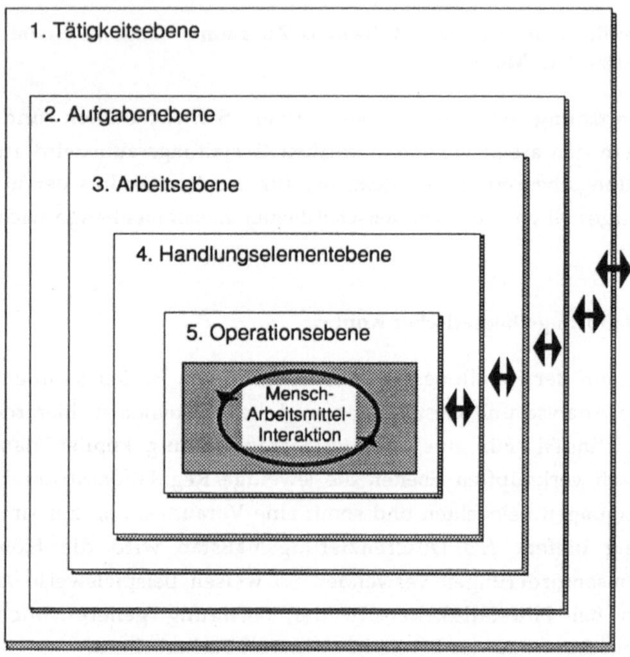



Abb. 5.10:   Hierarchie der Gegenstände zur Gestaltung eines Arbeitssystems (HACKSTEIN, HEEG, HORNUNG 1988, in Anlehnung an HACKER, W.: Software Ergonomie. Stuttgart 1987. S. 37)

Der vorgesehene thematische Schwerpunkt auf die Informationsaufnahme- und -verabeitungsoperationen des Menschen, wie in Kapitel 5.1 beschrieben, läßt eine weitere Ebene sinnvoll erscheinen, die die kleinsten jeweiligen **Operationseinheiten** der direkten Interaktion mit der Maschine oder der direkten mentalen Verarbeitung der sensuell aufgenommenen Informationen beschreibt. Hiermit ist sowohl die perzeptiv-begriffliche als auch die sensumotorische Regulationsebene des Menschen (HEEG 1988, S. 12) angesprochen. Diese innerhalb der Mikrostruktur (HORNUNG 1990) liegende Ebene läuft zwar Gefahr, Handlungsprozesse zu beinhalten, die automatisiert und daher nicht notwendigerweise bewußt reguliert werden, sind aber für eine Ursachen-Wirkungsanalyse von hoher Bedeutung und lassen sich indirekt beispielsweise im Rahmen einer ergonomischen

Gestaltung berücksichtigen. Sie sind darüber hinaus durch äußere Gestaltungsfaktoren beeinflußbar.

### 5.4.2  Verwendung des Entity-Relationship-Modells

Die Fehlerursachen und Wirkungsbeziehungen geben die jeweiligen Einflußgrößen und ihre Vernetzung an, die zur arbeitswissenschaftlichen Gestaltung relevant sind.

Die vernetzten Einflußgrößen der Fehlerursachen und Wirkungsbeziehungen sind, wenn sie zur arbeitswissenschaftlichen Gestaltung genutzt werden sollen, den jeweiligen hierarchisch geordneten Gestaltungssebenen zuzuordnen. Zur Abbildung dieser Zuordnung und der Vernetzung der Einflußgrößen untereinander ist ein einfacher Netzplan wegen der hierarchischen Unterteilung nicht nutzbar. Der Einsatz eines relationalen Datenmodells kann diesen Anforderungen eher gerecht werden: Zum einen lassen sich über die damit verbundene Beschreibungsformalisierung die jeweiligen Strukturinformationen leicht abbilden, zum anderen könnte eine Abbildung in ein Datenmodell in einer über diese Arbeit hinausgehenden zukünftigen Behandlung ganzheitlicher arbeitswissenschaftlicher Gestaltungsvorgänge leicht in anderen Datenmodellen mit weiteren Schwerpunkten (beispielsweise Hard- und Softwaregestaltung etc.) eingearbeitet werden. Hierzu wäre allerdings eine weitergehende Normalisierung zum Erhalt eines redundanzfreien Datenbestandes nötig, um Mutationsanomalien beim späteren Datenhandling zu vermeiden (ZEHNDER 1989, S. 51).

Im vorliegenden Fall wird auf eine Normalisierung verzichtet, da eine quantitative Erfassung der Daten nicht benötigt wird und eine größere Übersichtlichkeit angesichts der komplexen Zuordnungen erwünscht ist.

Die Abbildung von Datenstrukturen in relationalen Datenmodellen wurde bereits 1970 diskutiert. Aus dieser Zeit stammen hierarchische und netzwerkartige Datenmodelle (CODD 1970). Das Datenmodell selber wird allgemein durch Entitäten, also Zuordnungsobjekte abgebildet. Eine Entität (entity) ist „ein "Ding", welches eindeutig identifizierbar ist" (ZEHNDER 1989, S. 61). In diesem Fall sind dies sowohl die Schwachstellen als auch die entsprechenden Ursachen. Die Beziehungen (relationships) sind somit Zuordnungen zwischen den Entitäten.

P.P. CHEN faßte 1974 verschiedene Konzepte zusammen und entwickelte das ER-Modell (Entity-Relationship-Model), indem er eine umfassende Systematik und gleichzeitig eine graphische Darstellungsform entwarf (ZEHNDER 1989, S. 61).

Zur Beschreibung einer Beziehung zwischen zwei Entitätsmengen wird von „gerichteten Assoziationen" (ZEHNDER 1989, S. 44) ausgegangen. Tabelle 5.3 zeigt die vier möglichen Assoziationstypen.

| Assoziationstyp ( EM 1, EM 2 ) | Entitäten aus EM 2, die jeder Entität aus der Menge EM 1 zugeordnet sind |
|---|---|
| 1: (einfache Assoziation) | genau eine |
| c: (konditionelle Assoziation) | keine oder eine (c = 0/1) |
| m: (multiple Assoziation) | mindestens eine (m >= 1) |
| mc: (multiple-konditionelle Assoziation) | keine, eine oder mehrere (mc >= 0) |

Tabelle 5.3 : Vier Assoziationstypen

Ausgehend von den vier Assoziationstypen lassen sich durch ihre Kombination verschiedene Beziehungstypen zwischen den Relationen unterscheiden. Tabelle 5.4 zeigt die Beziehungstypen zwischen den Relationen.

| | 1 | c | m | mc | |
|---|---|---|---|---|---|
| 1 | 1 - 1 | c - 1 | m - 1 | mc - 1 | hierarchische Beziehung |
| c | 1 - c | c - c | m - c | mc - c | konditionelle Beziehung |
| m | 1 - m | c - m | m - m | mc - m | netzwerkförmige Beziehung |
| mc | 1 - mc | c - mc | m - mc | mc - mc | netzwerkförmige Beziehung |

Tabelle 5.4: Beziehungstypen zwischen den Relationen (ZEHNDER 1989, S. 44)

Die im vorliegenden Fall dargestellte Systematik beruht auf dem Entity-Relationship-Modell von CHEN und dem erweiterten Modell von ZEHNDER.

Die Schwachstellen werden den Ursachen, die in den Metaplansitzungen sowie in der Mitarbeiterbefragung erhoben wurden - wie in den Kapiteln 5.3.2 und 5.3.3 dargestellt - zugeordnet. Es ergeben sich damit jeweils Schwachstellen-Ursachen-Zuordnungen (Relationen). Das sprachliche Verständnis der Experten wurde dabei begriffsprägend herangezogen.

Hier zeigt sich bereits, daß unter Schwachstellen sowohl Aspekte verstanden werden, die bereits qualitätsbezogene Fehlleistungen (beispielsweise fehlende Angaben auf Zeichnungen oder Arbeitspapieren) darstellen, als auch Aspekte, die zu qualitätsbezogenen Fehlleistungen führen können (beispielsweise Qualifikationsdefizite). Weiterhin zeigt sich, daß einige Schwachstellen auch wiederum Ursachen für andere Schwachstellen sind. Beispielsweise können schlechte Meßmittel selbst eine Ursache von Fehlern, auch eine Ursache für eine qualitätsbezogene Entscheidungsunsicherheit sein.

Aus der Bildung der Schwachstellen-Ursachen-Paare, die wiederum mit anderen Paaren verknüpft sind, ergeben sich hierarchische Zuordnungen. Diese haben somit „Endschwachstellen", die direkt zu Fehlern führen können, sowie „Anfangsursachen", die den Beginn der Ursachen-Wirkungsketten darstellen.

Im folgenden werden die qualitätswirksamen Ursachen-Wirkungs-Beziehungen als Einflußgrößen arbeitswissenschaftlicher Gestaltung in ein Modell eingeordnet.

## 5.5 Modell zur Abbildung der qualitätsrelevanten Ursachen-Wirkungs-zusammenhänge

Die vollständige Auflistung aller Ursachen-Wirkungsbeziehungen, die im Rahmen der Erhebung ermittelt wurde, ist im Anhang 10.4 aufgeführt. Exemplarisch wird in Tabelle 5.5 die qualitätswirksame Schwachstelle „Psychische Überforderung" mit ihren Ursachen dargestellt. (Die in Klammern aufgeführten Bezeichnungen in Tabelle 5.5 dienen dem Auffinden der Schwachstellen bzw. der Ursachen in Abbildung 5.12, wobei „U" für Ursache und „SS" für Schwachstelle steht.)

<table>
<tr><td colspan="3">Psychische Überforderung (U2 / SS18)</td></tr>
<tr><td>1</td><td>Zeitdruck (U1 / SS1)</td><td></td></tr>
<tr><td></td><td>1.1</td><td>Terminplanungsprobleme (U3)</td></tr>
<tr><td></td><td>1.2</td><td>Informationsmängel (U5)</td></tr>
<tr><td></td><td>1.3.</td><td>Organisationsmängel (U11)</td></tr>
<tr><td>2</td><td>Persönliche Qualifikation (U7)</td><td></td></tr>
<tr><td>3</td><td>Verantwortungsdruck (U19)</td><td></td></tr>
<tr><td>4</td><td>Unzureichende Ergonomie der Betriebsmittel (U20)</td><td></td></tr>
<tr><td>5</td><td>Ungeeignete Maschinen (U4 / SS11)</td><td></td></tr>
<tr><td></td><td>5.1</td><td>Unzureichendes Qualitätsbewußtsein der ... (U13)</td></tr>
<tr><td></td><td>5.3</td><td>Unzureichende Ergonomie der Betriebsmittel (U20)</td></tr>
<tr><td></td><td>5.4</td><td>Schlechte Betriebs- und Prüfmittel (U 25)</td></tr>
</table>

Tab. 5.5: Ursachenhierarchie der Entitätsmenge „Psychische Überforderung"

Erkennbar ist hier, daß beispielsweise die Entität „Zeitdruck" selbst drei weitere Ursachen hat und daß sich damit der hierarchischer Aufbau ergibt. Auch die Schwachstelle „Psychische Überforderung" ist wiederum Ursache für andere Entitäten (beispielsweise für die Entität „Ermüdung). Abbildung 5.11 zeigt in exemplarischer Form ein Struktogramm dieser Ursachenstruktur.

Das aus allen Schwachstellen-Ursachen-Beziehungen der Erhebung gewonnene Entity-Relationship-Modell ist in Abbildung 5.12 dargestellt. Es wird

im folgenden als **ERM „Qualität"** (Entity-Relationship-Modell „Qualität")
abgekürzt. Die komplexe Struktur ergibt sich dadurch, daß eine
Schwachstelle mehrere Ursachen haben kann, und daß Schwachstellen
wiederum als Ursachen für weitere Schwachstellen fungieren können.

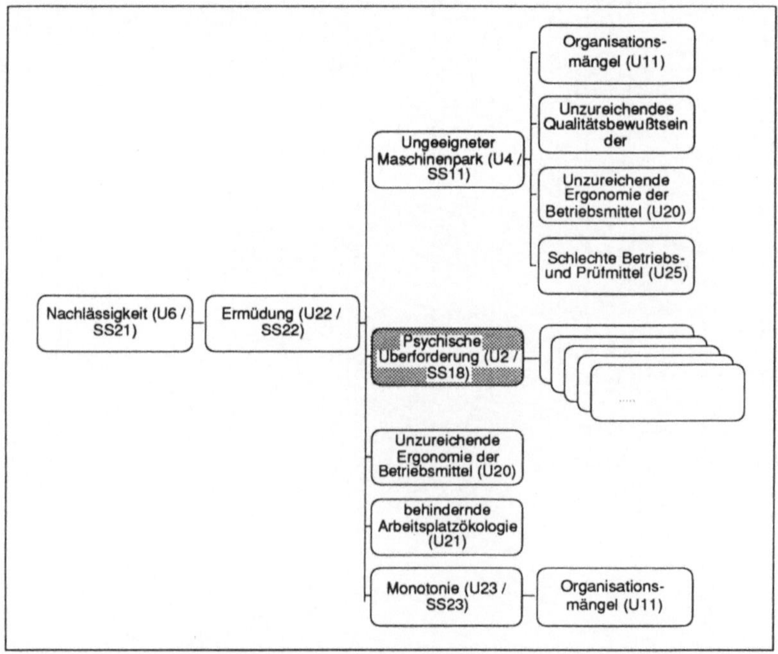


Abb. 5.11:   Struktogramm der Entitätsmenge „Psychische Überforderung"
als Ursache

Die arbeitswissenschaftlichen hierarchisch geordneten Gestaltungsebenen
werden in Abbildung 5.12 durch blaue Einrahmungen mit den jeweilig blau
hinterlegten Gestaltungsgegenständen:

-      Tätigkeit,

-      Aufgabe,

-      Arbeitseinheit,

-      Handlungselement und

-      Informationsaufnahme- und -verarbeitungsoperationen

dargestellt.

Additional material from *Integrierte Qualitätssicherung,*
ISBN 978-540-55206-2, is available at http://extras.springer.com

Die hierarchische Gliederung wird durch eine blaue Verbindungslinie zwischen diesen Entitäten gekennzeichnet. Schwachstellen (rote Kennzeichnung, rote Schrift) sind Einflußgrößen, die zu qualitätsbezogenen Fehlleistungen führen können oder diese bereits darstellen (blaue Schatten). Ursachen (grün) begründen Schwachstellen. Die Zuordnung einer Ursache zu einer Schwachstelle wird durch einen gerichteten grünen Pfeil dargestellt, der auf die jeweilige Schwachstelle zeigt.

In Anlehnung an den Formalismus des erweiterten Relationen-Modells (ZEHNDER 1989, S. 41) werden sogenannte Gabelstellen definiert. Sie führen immer mindestens zwei Ursachen der gerichteten Assoziation einer Schwachstelle zu.

Die Ursachen-Wirkungsbeziehungen sind demnach kein monokausales Problem, sondern es wird jede qualitätsbezogene Fehlleistung in der Regel durch ein Geflecht von möglichen Ursachen bestimmt. Beispielsweise kann eine „Entscheidungsunsicherheit", die der Maschinenbediener bei der Herstellung eines Teils hat und die zum Fehler führt, nicht nur durch seine persönliche Qualifikation oder durch das schlechte Meßmittel, das er gebraucht hat, bedingt sein, sondern eventuell auch durch die fehlende Definition dieses Qualitätsmerkmales überhaupt oder eine schlechte Betreuung des Meisters, der hier eine qualifizierte Hilfestellung bieten könnte. Dies wiederum kann vergleichsweise an einer zu geringen Qualifikation des Meisters selbst liegen, aber auch am Zeitdruck innerhalb der Fertigung. Angesichts eines hohen Qualitätsstandards ist die Betrachtung der komplexen Wirkungszusammenhänge notwendig.

Da die Qualitätsproblematik letztendlich das ganze Unternehmen betrifft, sind auch Globalursachen wie „generelle Organisation" etc. genannt worden, die den hier betrachteten Gestaltungsraum überschreiten. Sie werden im ERM „Qualität" am Abbildungsrand aufgeführt.

Andererseits wird der Fehler letztendlich vom Menschen selbst verursacht oder geschieht bei Transport-, Konstruktions- und Montagefehlern an der Mensch-Maschine-Schnittstelle. Im ERM „Qualität" stellt dieser „innerste" Bereich die unterste Gestaltungsebene dar.

Da hier die fehlinterpretierten oder von einfachen - aber zum Teil qualitätshemmenden - Nutzenabwägungen ausgehenden Informationsaufnahme-

und -verarbeitungsoperationen des Menschen den letzten „Fehlerort"
darstellen, gilt es, die auf diesen Prozeß zeigenden Entitätsmengen sinnvoll,
d.h. qualitätsfördernd (über ihre jeweiligen Ursachen-Wirkungszusammenhänge) zu beeinflussen.

## 5.6 Ergebnisdarstellung

Ausgehend von einer empirischen Untersuchung wurden Einflußgrößen,
die zu qualitätswirksamen Fehlleistungen führen (können), erhoben.
Zudem wurden ihre kausalen Zusammenhänge untersucht und in einem
ERM „Qualität" abgebildet. Dieses Modell dient als Grundlage zur Gestaltung.

Die Erhebungen selbst basieren auf dem Expertenwissen der Mitarbeiter, die
mit dem Qualitätsprozeß direkt oder indirekt zu tun haben, sowie den aus
den Arbeitsplatzuntersuchungen gefundenen Schwachstellen-Ursachen-
Zuordnungen. Es wurden zunächst alle qualitätswirksamen Schwachstellen
erhoben. Zur Eingrenzung der Thematik und damit der Schwachstellen
wurden die folgenden Überlegungen angestellt:

1.  Es sollen nur die Problempunkte aufgegriffen werden, die mit der
    Mensch-Maschine-Interaktion, d.h. dem Fehlerort selbst direkt oder
    indirekt zu tun haben. Auf diese Weise treten die rein
    unternehmensspezifischen Problempunkte, die beispielsweise von
    einer typischen Organisationsstruktur abhängen, stärker in den
    Hintergrund.

2.  Die menschbezogenen Schwachstellen, wie „mangelhafte Moti-
    vation" etc., sind nicht auf ein Unternehmen begrenzt, sie gelten
    allgemein und lassen sich auch in ihrem Ursachen-Wirkungsgefüge
    weitgehend verallgemeinern.

3.  Da es sich um die Darstellung der Möglichkeiten von Fehler-Wir-
    kungszusammenhängen handelt, ist das ERM „Qualität" auch
    Untermenge eines Teils der qualitätswirksamen Ursachen-
    Wirkungszusammenhänge eines Unternehmens, sofern sie den
    Problemkreis qualitätswirksamer Schwachstellen der Mensch-
    Maschine-Interaktion betreffen.

Das ERM „Qualität" ist eine Sammlung von in Unternehmen erhobenen
Ursachen-Wirkungsbeziehungen und stellt somit eine Möglichkeit der

Ursachen-Wirkungsbeziehungen zur Entstehung von qualitätsrelevanten Fehlleistungen beim Menschen dar.

Durch die formale Abbildung der Ursachen-Wirkungsbeziehungen in ein Entity-Relationship-Modell ist die Möglichkeit gegeben, bei jeder weiteren Untersuchung dieses zu vervollständigen und zu ergänzen.

Werden die erhobenen Ursachen-Wirkungsbeziehungen bei einer Gestaltungsmaßnahme zugrundegelegt,

I. wird auf eventuelle komplex vernetzte Gestaltungsproblempunkte durch das ERM aufmerksam gemacht, und diese können damit im Vorfeld (prospektiv) Berücksichtigung finden;

II. können mit Hilfe des ERM Problempunkte analysiert werden und auf eventuelle Ursachen aufmerksam gemacht werden;

III. können mit Hilfe einer zusammenfassenden Analyse (Faktorenanalyse) Aspekte für die arbeitswissenschaftliche Gestaltung im Bereich der Qualitätssicherung gefunden werden, die mögliche Problempunkte näher spezifizieren.

Die hier dargestellte Vorgehensweise ist darüber hinaus als eine Möglichkeit der Auswertung von Schwachstellenanalysen allgemein anzusehen:

Hierbei können andere Ordnungskriterien (als die hier verwendete arbeitswissenschaftliche Gestaltunghierarchie) - beispielsweise die Ordnung nach Unternehmensbereichen - zugrundegelegt werden.

Nach der Erhebung allgemeiner Schwachstellen und ihrer Ursachen müssen dabei ähnliche Schwachstellen und ähnliche Ursachen identifiziert werden und mit zusammenfassenden Oberbegriffen beschrieben werden. Hierbei ist es jedoch wichtig, daß dies nicht nur auf der Schwachstellenseite einerseits und der Ursachenseite andererseits geschieht, sondern daß Identitäten auch zwischen Ursachen und Schwachstellen gesucht werden, da viele Schwachstellen auch Ursachen für andere Schwachstellen sein können.

Gemeinsame Schwachstellen-Ursachen-Entitäten bauen erst das komplexe Beziehungsgeflecht auf, das dem wirklichen Abbild der Problemzusammenhänge eines Unternehmens gerechter wird, als die einfache Dokumentation der Schwachstellen und ihrer jeweiligen Ursachen. Eine derartige Sammlung von Schwachstellen-Ursachen-Verknüpfungen können dann in einem Entity-Relationship-Modell abgebildet werden, das die Wirkungsbeziehungen dokumentiert und nachvollziehbar macht.

# 6 Exemplarische Durchführung von arbeitswissenschaftlichen Gestaltungsmaßnahmen zur Qualitätsförderung

Im folgenden wird die arbeitswissenschaftliche Gestaltung eines konkreten Arbeitssystems im Hinblick auf ihre Qualitätsförderlichkeit exemplarisch untersucht.

Da es sich im vorliegenden Beispiel um die Umgestaltung bestehender Arbeitssysteme handelt, werden die arbeitswissenschaftlichen Gestaltungsziele „Ausführbarkeit", „Schädigungslosigkeit" und „Beeinträchtigungsfreiheit" (im Sinne der Mindesterfüllung dieser Kriterien und damit als Voraussetzung einer persönlichkeitsförderlichen Arbeit, vgl. Kapitel 3) zugrundegelegt.

Wie in Kapitel 5 dargestellt, wirken allerdings komplex verknüpfte qualitätswirksame Einflußfaktoren auf den Herstellungsprozeß fehlerfreier Produkte. Die Gestaltungsvorgänge müssen deshalb iterativ bezüglich ihrer Qualitätsförderlichkeit mit Hilfe des ERM „Qualität" überprüft werden. Hierbei ist zu prüfen, ob eine Gestaltungsmaßnahme unter den oben angegebenen arbeitswissenschaftlichen Zielen qualitätsförderlich ist.

Die Gestaltungsmaßnahmen zur Qualitätsförderung werden im Unternehmen 2 durchgeführt, das sog. „Kombiinstrumente" (Tachometer, Uhren, Drehzahlmesser etc.) für die Automobilindustrie herstellt.

Im Rahmen der Qualitätsprüfung, die dezentral in verschiedenen Fertigungsbereichen dieses Unternehmens stattfindet, werden mehrere 100%-Kontrollen sowohl der einzelnen Elemente als auch des kompletten Kombiinstrumentes durchgeführt. Dabei werden in der Regel in der Endkontrolle Anmutungsfehler, d.h. Fehler, die die äußere Anmutung stören können - Kratzer, Farbfehler etc.- festgestellt, die in den vorgelagerten Fertigungsbereichen schon hätten aussortiert werden können. Die Sichtkontrollen der vorgelagerten Bereiche weisen demnach einen zu hohen Fehlerdurchschlupf auf. Desweiteren war bei den hier verwendeten Prüfmethoden die physische Beanspruchung des Prüfpersonals - insbesondere der Augen - sehr hoch.

Eine erste Analyse zeigte, daß insbesondere in den Fertigungsbereichen „Deckglas" und „Ziffernblatt", deren Prüfplätze durch hohe Anforderungen an die Sichtkontrolle gekennzeichnet sind, ein Fehlerdurchschlupf festgestellt wurde, der letztlich zu den Anmutungsfehlern der fertig montierten Kombiinstrumente führte. Um festzustellen, ob ergonomische Gestaltungsmaßnahmen, die die beim Prüfvorgang entstehenden Belastungen minimieren, den Fehlerdurchschlupf verringern können, wurden die Arbeitsplätze zur Qualitätsprüfung in den Fertigungsbereichen „Deckglas" und „Ziffernblatt" zur ergonomischen Umgestaltung ausgewählt.

## 6.1 Untersuchungsraum

Die Qualitätssicherungsorganisation ist im Bereich der Automobilindustrie sowie deren Zulieferunternehmen durch ihren hohen Qualitätsstandard stark reglementiert (DIN/ISO 9000-9004, Ford Q101 etc.). Das jeweilige Zulieferunternehmen ist meist gezwungen, den von seinem Abnehmer geforderten Standard inklusive Prüfbestimmungen etc. zu implementieren. Diese Standards sind in der Regel nicht einheitlich, so daß beispielsweise die Fertigung durch unterschiedliche Standards produktabhängig zusätzlich belastet wird. In vielen Fällen wird deshalb der höchste Standard zugrundegelegt, um einheitlich fertigen zu können.

In dem dieser Untersuchung zugrundegelegten Unternehmen werden die Qualitätsanforderungen zudem dadurch verschärft, daß das Unternehmen Kombiinstrumente herstellt, die im direkten Beobachtungsbereich des späteren Kunden liegen und damit stellvertretend für das gesamte Automobil auch nicht geringste Anmutungsfehler aufweisen dürfen.

Anmutungskontrollen sind jedoch wegen ihrer komplexen und schlecht meßbaren Fehler kaum automatisierbar und werden deswegen an Prüfarbeitsplätzen von Menschen durchgeführt. Hier werden die fehlerhaften Bauteile durch mehr oder weniger stark beanspruchende Sichtkontrollen identifiziert.

Darüber hinaus unterliegt bei einer derartigen Prüfmethode die Entscheidung, ab wann eine „Unregelmäßigkeit" als Fehler zu interpretieren ist, der subjektiven Interpretation des Prüfers und ist nur schwer standardisierbar.

Diese Entscheidungsunsicherheit stellt eine zusätzliche Belastung für das Prüfpersonal dar.

Daher werden Anmutungskontrollen meist in mehreren Stufen nacheinander über den Fertigungsprozeß bis zur Endkontrolle verteilt. Auch unter diesen Voraussetzungen kann aber davon ausgegangen werden, daß

-   in der Endkontrolle Anmutungsfehler festgestellt werden, die in vorgelagerten Abteilungen schon hätten aussortiert werden müssen;

-   Fehler gefunden werden, deren Entstehungsart und -ort nicht rückverfolgt werden kann und

-   ein - wenn auch geringer - Anteil von Anmutungsfehlern in der letzten Endkontrolle nicht erkannt wird.

Die dieser Untersuchung zugrundeliegenden Prüfplätze sind Anmutungsprüfplätze, d.h. sogenannte Sichtkontrollarbeitsplätze,

-   die dem Bereich der Spritzgußherstellung von Deckgläsern der Kombiinstrumente nachgelagert sind und

-   die der Auf- und Durchsichtkontrolle von Zifferblättern und Symbolleitern dienen.

## 6.2   Arbeitswissenschaftliche Grundlagen zur ergonomischen Gestaltung

Die exemplarisch zu untersuchenden Prüfplätze sind in ihrer Prüfaufgabe bis auf wenige manuelle Tätigkeiten gleichermaßen durch Nutzung des optischen Informationskanals zur Fehlererkennung charakterisiert.

Bevor in den folgenden Kapiteln 6.3.1 und 6.3.2 die Prüfplatzbedingungen und deren spezifische Belastungen näher dargestellt werden, sollen an dieser Stelle die allgemeinen Grundlagen der Beanspruchung des optischen Informationskanals sowie die Einordnung dieser Problematik in den Qualitätssicherungszusammenhang erfolgen.

Bei der Informationsaufnahme durch den optischen Informationskanal treten je nach physikalischen und physischen Bedingungen Informationsverarbeitungsprobleme auf, die z.T. zu Fehlinformationen und zu starken Belastungen und damit zu kurzfristigen bzw. dauerhaften Leistungseinbußen führen (BUBB, SCHMIDTKE 1988, S. 729). Hiermit sind die elementaren Sehfunktionen des Auges angesprochen, also die Eigenschaften, „die im Zusammenhang mit der Umwandlung des in das Auge einfallenden Lichts in nervöse Impulse, von Bedeutung sind, z.B. die Sehschärfe, die Unterschiedsempfindlichkeit für Helligkeiten, die Wahrnehmungsgeschwindigkeit, das Farbenerkennen usw." (HACKSTEIN 1977, S. 193).

Unter der Voraussetzung, daß eventuelle Fehlsichtigkeiten des Auges (Astigmatismus, Kurz- bzw. Weitsichtigkeit, etc.) durch entsprechende Sehhilfen kompensiert worden sind, müssen mindestens fünf Voraussetzungen zum Sehen eines Objektes erfüllt sein:

1. Das Detail, das erkannt werden soll, muß einen bestimmten Mindestkontrast gegenüber seiner unmittelbaren Umgebung aufweisen: dabei kann es sich bei gleicher Farbe um einen reinen Leuchtdichtekontrast oder aber auch bei gleicher Leuchtdichte um einen bestimmten Farbkontrast handeln. Im allgemeinen werden beide Kontrastformen zugleich auftreten.

2. Das Objekt muß mit einer Mindestgröße auf dem Augenhintergrund (Retina) abgebildet werden.

3. Das Objekt bzw. die Umgebung muß eine Mindestleuchtdichte besitzen.

4. Das Auge muß der gerade herrschenden Gesichtsleuchtfelddichte optimal angepaßt sein.

5. Objekte müssen mit einer bestimmten Mindestzeit dargeboten werden, damit sie bewußt wahrgenommen werden können (BUBB, SCHMIDTKE 1988 S. 726).

Alle fünf Bedingungen sind miteinander gekoppelt. Die Kopplung der ersten drei Bedingungen veranschaulicht Abbildung 6.1.

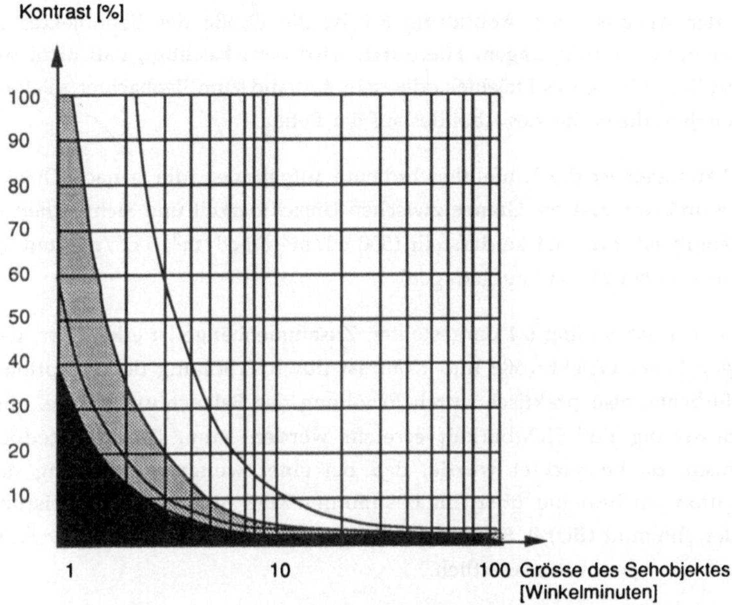


Abb. 6.1: Zusammenhang zwischen Kontrast, Objektgröße und Leuchtfeld-
dichte (HARTMANN 1981, S. 192). Die Graphen stellen je nach
Objektgröße und Kontrast, die Grenze zwischen Unsichtbarkeit
und Sichtbarkeit in Abhängigkeit der Unfeldleuchtdichte dar (500
cd/m$^2$, 50 cd/m$^2$, 5 cd/m$^2$ und 0,5 cd/m$^2$ sind beispielhaft
aufgetragen)

Der prozentuale Kontrast (K), der auf der Ordinate von Abbildung 6.1 aufgetragen ist, wird gemäß Gleichung (1) „als der auf die Umfeldleuchtdichte $L_U$
bezogene Leuchtdichteunterschied zwischen Objekt ($L_{Obj}$) und Umwelt ($L_U$)
definiert.

$$K = \frac{L_{Obj} - L_U}{L_U} \cdot 100\% \quad \text{(BUBB, SCHMIDTKE 1988 S. 728)} \quad (1)$$

Für ein dunkles Objekt ($L_{obj}$=0) ergibt sich danach ein Kontrast von -100%,
für eine dunkle Umwelt kann sich ein Kontrast bis zu + ∞ ergeben.

Auf der Abszisse von Abbildung 6.1 ist die Größe des Sehobjektes in Winkelminuten aufgetragen. Hierdurch wird berücksichtigt, daß nicht die tatsächliche Größe des Objektes oder sein Abstand zum Beobachter relevant ist, sondern die Größe des Abbildes auf der Retina.

Als Parameter ist die Umfeldleuchtdichte aufgetragen, die je nach Objektgröße und Kontrast die Grenze zwischen Unsichtbarkeit und Sichtbarkeit in Abhängigkeit ihrer Stärke darstellt (500 cd/m$^2$, 50 cd/m$^2$, 5 cd/m$^2$ und 0,5 cd/m$^2$ sind beispielhaft aufgetragen).

Aus der in Abbildung 6.1 dargestellten Zusammenhänge ist erkennbar, daß bei gegebener Objektgröße und Kontrast durch Erhöhung der Adaptionsleuchtdichte, also praktisch durch Erhöhung der Beleuchtungsstärke, eine Verbesserung der Sichtbarkeit erreicht werden kann. Dies hat jedoch Grenzen, da beobachtet wurde, daß bei einer weiteren Erhöhung der Adaptionsleuchtdichte über ein bestimmtes Maß hinaus die Sehleistung wieder abnimmt (BUBB, SCHMIDTKE 1988, S. 728). Hierfür sind physische Blendwirkungen verantwortlich.

Grundsätzlich kann bei einer Blendung in Anlehnung an SCHOBER (1964b, S. 72), der zwischen einer „psychologischen" und „physiologischen Blendung" unterscheidet, zwischen den psychisch wirksamen und physisch wirksamen Einflüsse einer Blendung unterschieden werden:

> Eine psychisch wirksame Blendung liegt vor, wenn eine Lichtquelle als unangenehm hell empfunden wird. Demgegenüber stellt die physisch wirksame Blendung eine meßbare Verschlechterung der Sehfunktion durch Störlichtquellen dar.

Die Störlichtquellen können beispielsweise durch Streuungseffekte im Augeninnern an der Hornhaut, der Augenlinse oder des Glaskörpers eine Blendung verursachen (HARTMANN 1981, S.192). Das gesamte Streulicht überlagert sich mit dem Netzhautbild und vermindert somit den Kontrast und die Sehleistung. Je nach Einfallswinkel des Streulichtes auf die Netzhaut sowie der Umfeldleuchtdichte entstehen unterschiedliche Blendwirkungen. Abbildung 6.2 gibt die Grenzwerte der von einer Blendquelle hervorgerufenen Hornhautbeleuchtungstärke je nach Blendwinkel und Umfeldbeleuchtungsdichte an.

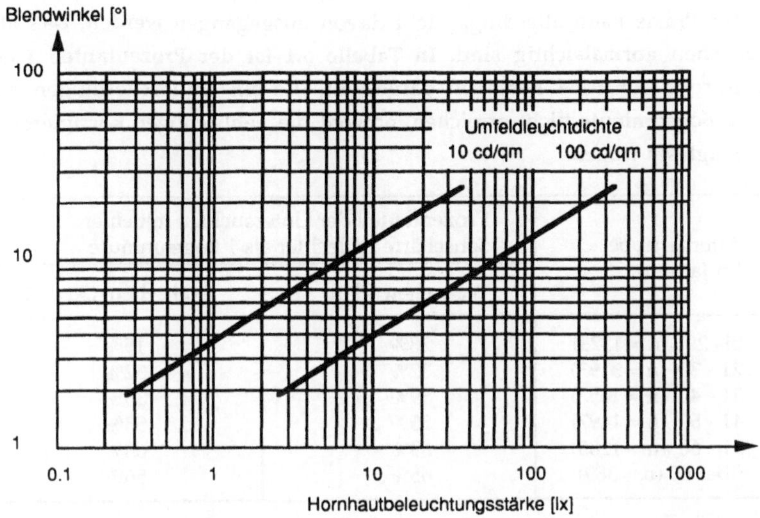


Abb.: 6.2: Grenzwert für die von einer Blendquelle hervorgerufene Horn-
hautbeleuchtungsstärke (lx) in Abhängigkeit von Blendwinkel
(Grad) und Umfeldleuchtdichte (BUBB, SCHMIDTKE 1988, S. 729)

Eine außerhalb der Blicklinie liegende Blendquelle wird zwar nicht dem
Netzhautbild des in der Blickrichtung liegenden Sehobjektes überlagert,
aber durch nervöse Vorgänge werden dabei sowohl die Pupillenweite als
auch der gesamte Adaptionszustand der Netzhaut und infolgedessen auch
die Unterschiedsempfindlichkeit und Sehschärfe in der Netzhautgrube
verändert (SCHOBER 1964b, S. 78). Lichtquellen von anderen Arbeitsplätzen
haben somit eventuell ebenso Einfluß auf den Sehvorgang wie die
Beleuchtungssituation am Arbeitsplatz selbst. Ein Überschreiten der
Grenzwerte bedeutet eine physisch wirksame Blendung.

Auch bei besten Beleuchtungsvoraussetzungen hat das Auge in der Regel
ein Auflösevermögen von ungefähr einer Bogenminute, bedingt durch den
Rezeptorenabstand auf der Retina. Diesem Auflösevermögen entspricht bei
normalen Sehabstand (33 cm Entfernung von Objekt zum Auge) eine
Objektgröße $G_x$ von 0,1 mm und dementsprechend in einer Entfernung
von ca. 1 m eine Objektgröße $G_x$ von 0,3 mm.

In der Praxis kann allerdings nicht davon ausgegangen werden, daß alle
Menschen normalsichtig sind. In Tabelle 6.1 ist der Prozentanteil einer
Stichprobe von 9468 Personen dargestellt, die ein Auflösevermögen von
einer Bogenminute nicht erreichen, obwohl die Fehlsichtigen korrigierende
Augengläser trugen.

| Altersgruppe (in Jahren) | Prozentanteil der Untersuchten mit einer Sehschärfe schlechter als 1 Bogenminute | |
| --- | --- | --- |
| | Weitsehen (8 m) | Nahsehen (33 cm) |
| bis 20  (n = 1329) | 28% | 15% |
| 21 - 30  (n = 3193) | 37% | 32% |
| 31 - 40  (n = 1857) | 39% | 35% |
| 41 - 50  (n = 1497) | 55% | 53% |
| 51 - 60  (n = 1203) | 63% | 68% |
| über 60 (n = 389) | 65% | 56% |

Tabelle 6.1 :  Prozentanteil der Fehlsichtigkeit in den verschiedenen Alters-
gruppen (SCHMIDTKE, SCHOBER 1967)

Neben dem reinen Helligkeitskontrast kommt dem Farbkontrast eine besondere Rolle zu. Das menschliche Auge kann etwa 7 Millionen Farbva-
lenzen unterscheiden, die sich durch Farbton, Helligkeit, Sättigung sowie
Hell- bzw. Dunkelkontrast charakterisieren lassen (BUBB, SCHMIDTKE
1988, S. 730).

Ein Versuch, Farbton und Sättigung metrisch zu erfassen, ist in der Norm-
farbtafel DIN 5033 in der bekannten Darstellung des Farbdreiecks zu finden.
Es können allerdings mit Hilfe dieser Darstellung keine Rückschlüsse auf
noch gerade erkennbare Farbunterschiede durchgeführt werden. Eine vollständige analytische Erfassung dieses Problemkeises liegt auch zur Zeit noch
nicht vor (BUBB, SCHMIDTKE 1988, S. 730).

Weiterhin ist die Adaption des Auges, der Anpassung der licht-
empfindlichen Rezeptoren an unterschiedliche Helligkeiten, zu berücksichtigen. Hierbei wird zwischen Dunkeladaption (Anpassung an niedrigeres
Beleuchtungsniveau) und der Helladaption (Anpassung an höheres Beleuchtungsniveau) unterschieden (SCHOBER 1964b, S. 40).

Bei den Adaptionsvorgängen werden vier Mechanismen des Auges unterschieden:

- Veränderung des Pupillendurchmessers (Änderungszeit in einer Größenordnung von zehntel Sekunden bis in den vollen Sekundenbereich, Änderungsbereich ca. 1:16) (SCHOBER 1964a, S. 51) - Übergang vom Zapfensehen (Farbrezeptoren) zum Stäbchensehen (Schwarz-Weiß-Rezeptoren)

- Nervöse Schaltvorgänge (Regulationsvorgänge), d.h. Veränderung der Netzhautempfindlichkeit auf rein nervösem Wege ($\alpha$-Adaption), (Änderungszeit ca. 0,05 sec., Empfindlichkeitverringerung bis auf 1/5) (SCHOBER 1964a, S. 54)

- Empfindlichkeitsänderung der Rezeptoren (Änderungszeit bis ca. 1 Stunde) (BÖCKER 1981, S. 14).

Die Empfindlichkeitsänderung kann im Bereich der Zapfen im Verhältnis 1:50 sowie bei den Stäbchen im Verhältnis 1:1000 erfolgen (SCHOBER 1964b, S. 41).

Die Adaptionsvorgänge, bezogen auf die Grenze des menschlichen Leistungsvermögen, werden hauptsächlich durch ihren Zeitablauf begrenzt. Abbildung 6.3 zeigt den Leuchtdichtenunterschied $\Delta L$ zwischen Sehzeichen und Umgebung, der mindestens zum Erkennen eines Sehzeichens beim Übergang von einem hohen zu einem niedrigen Beleuchtungsniveau vorhanden sein muß.

Hier zeigt sich die für viele Prüfvorgänge wichtige Tatsache, daß gerade beim Übergang von einem hohen zu einem niedrigen Beleuchtungsniveau erst nach ca. 1 Minute ein Kontrastumfang des Faktors 10 erreicht wird, und nach ca. 30 Minuten ein stabiler neuer Adaptionszustand des Auges mit möglichst hoher Empfindlichkeit erreicht ist. Tabelle 6.2 gibt einen Überblick über die Dunkelanpassungsdauer. Im Gegensatz zur Dunkeladaption verläuft die Helladaption im Sekundenbereich. Bei bewegten Objekten kommt zusätzlich noch eine weitere Erkennungsbedingung hinzu, die von der Darbietungszeit abhängig ist.

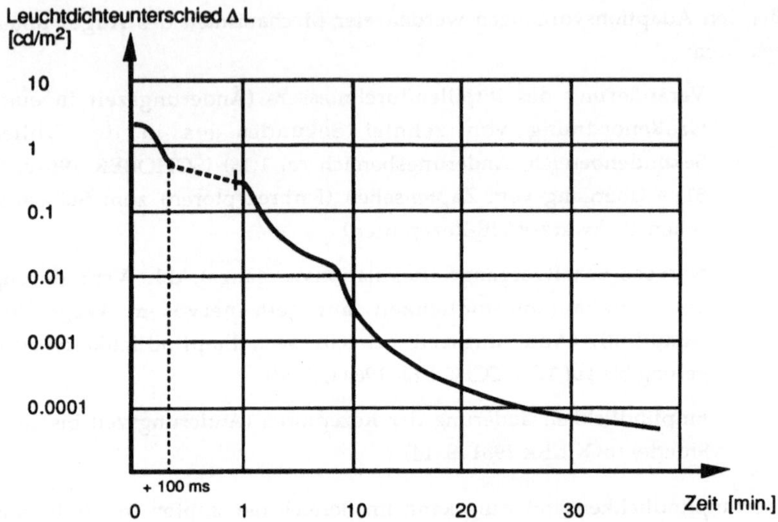


Abbildung 6.3.:  Mindestleuchtdichteunterschied Δ L in Abhängigkeit von der Adaptationszeit nach einem plötzlichen Sprung des Adaptionsbeleuchtungsniveaus von 100 cd/m² auf 0 cd/m² (HARTMANN 1970)

| Dauer der Dunkelanpassung | 1 | 5 | 10 | 15 | 20 | 25 | 30 | 40 | 60 | Minuten |
|---|---|---|---|---|---|---|---|---|---|---|
| Lichtempfindlichkeit für einfache Reize | 0,3 | 2 | 5 | 25 | 60 | 80 | 90 | 95 | 100 | % |

Tabelle 6.2 :  Ungefähre durchschnittliche Empfindlichkeit der Netzhaut des normalen Auges in Abhängigkeit von der Dunkelanpassungsdauer in Prozenten der nach einer Stunde erreichten Empfindlichkeit (SCHOBER 1964b, S. 48)

Bei sonst optimalen Beleuchtungsbedingungen muß eine Mindestdarbietungszeit von 150-250 ms vorhanden sein, um ein Objekt zu erkennen. In Abbildung 6.4 ist der experimentell ermittelte Zusammenhang zwischen Sehwinkelgeschwindigkeit und notwendiger Objektgröße dargestellt.

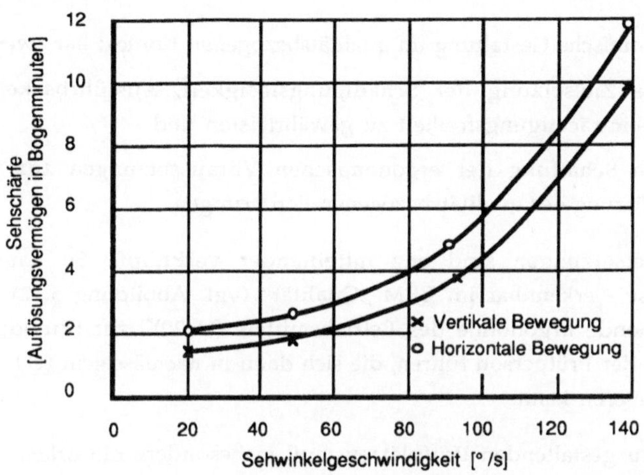


Abbildung 6.4.:  Notwendige Objektgröße in Abhängigkeit von der Sehwinkelgeschwindigkeit bei vertikaler und horizontaler Bewegung (BUBB, SCHMIDTKE 1988, S. 733)

Aus Abbildung 6.4 ist deutlich zu erkennen, daß mit zunehmender Geschwindigkeit, d.h. kürzer werdender Mindestdarbietungszeit, die notwendige Objektgröße zunimmt und damit die Sehschärfe abnimmt.

## 6.3 Ergonomische Gestaltung

Die ergonomische Gestaltung im qualitätsbezogenen Kontext hat zwei Ziele:

1. die Zielsetzung der Schädigungslosigkeit, Ausführbarkeit und Beeinträchtigungsfreiheit zu gewährleisten und

2. die Schaffung der ergonomischen Voraussetzungen zur Unterstützung der qualitätsbezogenen Forderungen.

Beide Zielsetzungen sind eng miteinander verknüpft. So kann beispielsweise - erkennbar im ERM „Qualität" (vgl. Abbildung 5.12) -, eine unzureichende Ergonomie des Betriebsmittels (U 20)[*] zur Ermüdung (U 22/SS 22) der Prüfperson führen, die sich dann in nachlässigem (U 6/SS 21) Prüfen äußeren kann.

Bei den zu gestaltenden Prüfplätzen muß insbesondere die Erkennbarkeit der Fehler verbessert werden, damit die hieraus entstehenden Belastungen minimiert und die Einhaltung der qualitätsbezogenen Forderungen erleichtert werden. Weiterhin muß das Prüfverfahren, bezogen auf seine ergonomische Auslegung, kritisch in technisch-physikalischer Sicht hinterfragt werden, um grundsätzlich bessere Lösungen nicht implizit auszuschließen.

Darüber hinaus muß das Prüfverfahren in Hinblick auf die in Kapitel 6.5 dargestellte ganzheitliche Gestaltung zu den dort geforderten Flexibilitäts- und Qualifikationsansprüchen kompatibel sein.

### 6.3.1 Gestaltung eines Ziffernblatt-Prüfplatzes

Der Prüfplatz „Ziffernblatt" befindet sich in der Abteilung, in der die Auf- und Durchsichtkontrolle von Ziffernblättern und Symbolleitern (Kunststoffelemente, auf die Symbole für „Fernlicht", „Blinker" etc. gedruckt sind) durchgeführt wird. Die auf Nutzen (hier: milchige Kunststoffplatten) gedruckten Ziffernblätter werden in der Stanzerei soweit ausgestanzt, daß sie nur noch durch kleine Stege zusammengehalten werden. In einem nachgelagerten Abschnitt werden dann die einzelnen

---

[*] Die im folgenden in Klammern angegebenen Bezeichnungen beziehen sich auf die in Abbildung 5.12 dargestellten Entitäten der qualitätswirksamen Ursachen-Wirkungszusammenhänge.

Ziffernblätter aus den Nutzen herausgebrochen und schließlich an die Sichtkontrolle weitergeleitet. Die Sichtkontrolle der Ziffernblätter besteht aus einer Durchsichtkontrolle. Hierbei werden

- Lichtpunkte (Lackierungsfehler),

- Leuchtdichteunterschiede,

- Konturschärfe,

- Farbfehler und Stanzfehler

geprüft.

Der Arbeitsvorgang kann folgendermaßen beschrieben werden:

Die Prüfpersonen führen jeweils Aufsichtprüfungen bei den Symbolleitern und Durchsichtprüfungen bei den Ziffernblättern durch. Hierbei obliegt den Prüfpersonen, das Gesamtlos in Unterlose aufzuteilen und über die Prüfreihenfolge zu entscheiden. Zur Aufsichtkontrolle entnimmt die Prüfperson die Prüfkörper aus einem Karton, sucht diese konzentriert nach Fehlern ab, wobei durch „Spiegeln" (Ausnutzen der Reflexblendung) vor allem Oberflächenfehler gesucht werden.

Die Durchsichtkontrolle der Ziffernblätter erfolgt in einem durch einen schwarzen Vorhang abgedunkelten Raum an einem Durchsichtgerät. Das Gerät besitzt zwei diffus beleuchtete Platten, die so maskiert sind, daß ein Leuchtfeld entsteht, das so groß wie das zu prüfende Ziffernblatt ist. Ein Leuchtfeld ist immer mit einem Referenzziffernblatt abgedeckt, während auf dem anderen der Prüfling aufgelegt werden muß. Beim Wechsel des Prüflings leuchtet das Leuchtfeld weiter. Um die ausgestanzten Flächen der Ziffernblätter während des Prüfvorganges abzudunkeln, befinden sich auf den diffusbeleuchteten Platten lichtundurchlässige "Negativmasken" der Ziffernblätter, die die Ausstanzungen beim Prüfvorgang abdecken. Hierzu muß ein Ziffernblatt allerdings genau auf dieser Negativmaske plaziert werden, da das ansonsten durch die Ausstanzungen scheinende Licht eine starke Blendung hervorrufen würde. Abb 6.5 zeigt einen derartigen Arbeitsplatz.

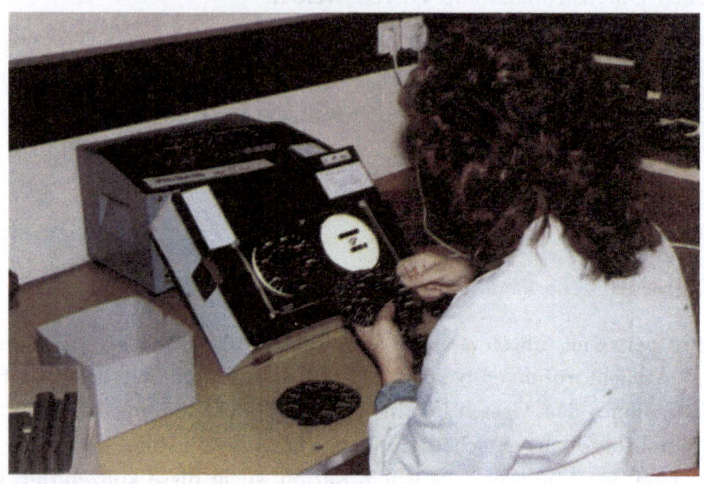

Abb 6.5 Kontrollarbeitsplatz für Ziffernblätter

Die laut Auswertung am häufigsten auftretenden Fehler sind die sogenannten Lichtpunkte. Bei diesen Stellen, die sich später als leuchtende Punkte störend bemerkbar machen; hat der mattschwarze Lack den Kunststoff nicht abgedeckt, so daß bei einer Beleuchtung von hinten diese Stelle später im Kombiinstrument durchscheint.

### 6.3.1.1    Analyse der qualitätshemmenden Einflüsse

Bei der Analyse der ergonomischen Faktoren, die qualitätshemmend wirken, werden Gestaltungsaspekte wie Haltungsprobleme und Sitzprobleme außer acht gelassen, da hier bereits Maßnahmen zur Optimierung durchgeführt wurden.

Ausgehend vom ERM „Qualität" wird hier zunächst die die Informationsaufnahme und -verarbeitung des Menschen betreffende Handlungsebene angesprochen. Hier liegen die Schwachpunkte, die zu direkten Fehlleistungen führen, in:

A)      der Entscheidungsunsicherheit (beispielsweise durch schlechte Meßmittel),

B)      fehlender Motivation zum Mehraufwand, der zur Erreichung der geforderten Qualität nötig ist - im folgenden als „fehlende Motivation zum Qualitätsaufwand" bezeichnet und

C)      der psychischen Überforderung (beispielsweise durch unzureichende ergonomische Gestaltung des Arbeitsmittels).

zu A):

Bei der Entscheidungsunsicherheit, ob es sich noch um akzeptable Toleranzen oder Fehler handelt, müssen lediglich Farbfehler berücksichtigt werden, die sich im Laufe der Zeit einer Serie bemerkbar machen, da alle anderen weiß leuchtenden Stellen auch gleichzeitig Fehler sind. Wie in Kapitel 6.1 dargestellt treten bei den Farbfehlern allerdings subjektive Bewertungen der Toleranzen auf, die auch durch den direkten Vergleich zweier Ziffernblätter nicht beseitigt werden können.

zu B):

Die Motivation zum Qualitätsmehraufwand hängt, wie im ERM „Qualität" in Abbildung 5.12 dargestellt, direkt mit der Frage der allgemeinen Motivation zusammen. Im Rahmen der ergonomischen Gestaltungsmöglichkeiten kann einer hohen Beleuchtungsstärke am Arbeitsplatz eine positive Wirkung auf die allgemeine Motivation zugeschrieben werden (HACKSTEIN 1977, S. 198). Darüber hinaus ist es für die Gesundheit und die Leistungsbereitschaft des Menschen insgesamt wichtig, in einem möglichst hellen Arbeitsraum zu arbeiten (BENZ, LEIBZIG, ROLL 1983, S. 39).

Als Gestaltungsanforderung folgt daraus, daß der zu gestaltende Prüfplatz eine ausreichende Beleuchtungsstärke von mind. 500 Lux und eine möglichst natürliche Tagesbeleuchtung besitzen sollte (BENZ, LEIBZIG, ROLL 1983, S. 40).

zu C):

Bei den hier betrachteten Ziffernblattfehlern müssen neben Farbabweichungen in der laufenden Serie insbesondere die Leuchtpunkte sowie die aus den Dichteunterschieden des Trägermaterials entstehenden Fehler berücksichtigt werden. Sie sind beim Durchscheinen des Ziffernblattes als selbst leuchtende Objekte erkennbar.

Die Prüfpersonen müssen zur Identifikation eines fehlerhaften Ziffernblattes mindestens ein solches Fehlerobjekt erkennen und als schadhaft einstufen. Da in der ursprünglichen Gestaltung des Ziffernblattprüfplatzes die ausgestanzten Flächen des Ziffernblattes durch die Abdeckung mit einer entsprechenden Maske nicht mehr durchleuchtet werden, sind alle weiß leuchtenden Stellen im Ziffernblatt neben den Symbolen und Ziffern immer fehlerhafte Objekte.

Eine psychische Überforderung entsteht deshalb vorwiegend durch den Informationsaufnahmekanal (und nicht durch die Informationsverarbeitung). Die Informationsaufnahme durch den optischen Kanal wird durch die in Kapitel 5.2 bereits aufgeführten Parameter beeinflußt:

> (1) Darbietungszeit des Objektes
>
> (2) Größe des Fehlerobjektes
>
> (3) Kontrast des Objektes
>
> (4) Leuchtdichte des Fehlers

Hinzu kommt beim untersuchten Prüfplatz ein weiterer leistungsbeeinträchtigender Aspekt:

> (5) Schneller Hell-Dunkel-Wechsel mit starken Blendungen

Alle fünf Aspekte müssen bei der Analyse berücksichtigt werden, um eine Grundlage zur Evaluierung der anschließenden Gestaltungsmaßnahme zu erhalten:

**(1) Darbietungszeit des Objektes**

> Der Prüfvorgang dauert 10 s bis maximal 36 s. Die durchschnittliche Prüfzeit beträgt ca. 15 s. Als Handhabungsverluste können ca. 3 s zugrundegelegt werden. Eine rein konzentrierte Betrachtungszeit ist somit mit ca. 12s anzunehmen, an der das Ziffernblatt ruhend nach Fehlern abgesucht wird (Die Zeiten gelten für geübte Prüfpersonen).
>
> Da die Mindestdarbietungszeit zum Erkennen ca. 150 - 250 ms beträgt, scheint hier eine ausreichend lange Darbietungszeit auch unter dem

Gesichtspunkt vorzuliegen, daß das Ziffernblatt mehrmals überprüft wird und nicht in seiner ganzen Fläche gleichzeitig erfaßt werden kann. Ob die Objekte erkannt werden können, hängt wie in Abbildung 6.1 dargestellt, unter anderem von ihrer Größe und ihrem Kontrast ab, sowie von der absoluten Umfeldleuchtdichte. Dies gilt allerdings nur für einen abgeschlossenen Adaptionsvorgang. Da diese Annahme hier nicht zugrundegelegt werden kann, ist im weiteren von einer Überlagerung dieser beiden Aspekte auszugehen.

**(2) Größe des Fehlerobjektes**

Die Größe des hier betrachteten Fehlerobjektes reicht bis zur Wahrnehmungsgrenze, da insbesondere die Lichtpunkte praktisch beliebig klein sein können. Werden sie allerdings so klein, daß sie trotz hoher Beleuchtungsstärke nicht mehr wahrgenommen werden können, so stellen sie auch keine Anmutungsfehler dar, da sie auch später im Kombiinstrument nicht sichtbar sind.

Da die Fehlerobjekte in der Prüfapparatur selbstleuchtend sind, wird über eine höhere Beleuchtungsstärke des Ziffernblattes als später im Kombiinstrument die Sichtbarkeit aller Anmutungsfehler beim Prüfvorgang sichergestellt.

**(3) Kontrast des Prüfobjektes und Leuchtdichte des Fehlers**

Die Leuchtdichte des Fehlers ist abhängig von der Beleuchtungsstärke, die die Prüfapparatur vorgibt. Für die Objektgröße des Fehlers auf der Retina wurde ein Wert von ca. 0,02 - 0,05 Winkelminuten errechnet.

Laut Darstellung in Abbildung 6.1 ist hierzu eine Umfeldleuchtdichte von mindestens 50 cd/m$^2$ nötig, um bei abgeschlossenem Adaptionsvorgang den Fehler zu erkennen. Diese Umfeldleuchtdichte wird nicht erreicht (errechneter Meßwert ca. 15 cd/m$^2$). Nicht selbstleuchtende Fehlerobjekte können danach nicht erkannt werden. Da die meisten Fehler jedoch selbstleuchtend sind, spielt die Umfeldleuchtdichte eine untergeordnete Rolle.

Der Kontrast des Prüfobjektes kann zunächst auch nur bezogen auf die normale Empfindlichkeit des Auges beurteilt werden. Er ist nur von der Beleuchtungsstärke bei der Ausleuchtung des zu untersuchenden

Ziffernblattes abhängig und kann somit auf einen ausreichenden Wert eingestellt werden.

**(4) Schnelle Hell-Dunkel-Wechsel mit starken Blendungen**

Die zuvor dargestellten Aspekte zur Erkennbarkeit der Fehleropbjekte sind zum größten Teil von der Stärke der Ausleuchtung des Ziffernblattes abhängig. Aus diesem Grunde wurden bei der Prüfung hohe Beleuchtungsstärken realisiert. Hieraus resultieren allerdings weitere qualitätswirksame Probleme.

Nach jedem Prüfvorgang werden die Ziffernblätter gewechselt mit der Folge von hohen Blendungen beim Wechselvorgang, da die diffus beleuchtete Mattscheibe hierbei nicht abgedeckt ist (Steigerungen der Umfeldleuchtdichte von 15 cd/m$^2$ auf über 3000 cd/m$^2$). Das Prüfpersonal klagte deshalb unter ständigen Kopf- und Augenschmerzen.

Die sich im Abstand einiger Sekunden ständig wiederholenden Änderungen des Leuchtdichteniveaus im Gesichtsfeld bei relativer Dunkelheit im Prüfraum verursachen ständige Adaptionsvorgänge. Die relativ kurzen Hellphasen mit ca. 1 - 2 Sekunden führen zu ständigen Veränderungen des Pupillendurchmessers und nervösen Regelvorgängen ($\alpha$-Adaption), die die Empfindlichkeit um den Faktor 0,2 herabsetzen können (vgl. Kapitel 6.2).

Da die Adaptionsvorgänge allerdings äußerst komplex sind (beispielsweise ist die Adaption von Hell auf Dunkel durch andere Parameter - und damit Regelzeiten - beeinflußt als die Adaption von Dunkel auf Hell (vgl. Kapitel 6.2)) und individuelle subjektive Unterschiede im Verhalten der Prüfperson vorliegen können, kann auf analytischem Wege nicht eindeutig ermittelt werden, welche mittlere Empfindlichkeit des Auges sich einstellt.

Es kann allerdings abschließend festgestellt werden, daß dieser Aspekt die Prüfapparatur nicht nur aus physiologischen Gesichtspunkten heraus bedenklich ist, sondern auch vermutlich die Erkennbarkeit der Fehler stark beeinträchtigt.

Wird das Ziffernblatt darüber hinaus nicht genau auf die Negativmaske gelegt, behindern Blendungen den Prüfvorgang, da dann die
Ausleuchtung des Ziffernblattes durch die freibleibenden Ausstan-
zungsflächen scheint.

### 6.3.1.2 Technisch-physikalische Grundlagen zur Umgestaltung

Eine Umgestaltung soll möglichst die oben genannten Schwachstellen
beseitigen und damit auch eine entsprechende Verbesserung der Fehlerrate
erzielen.

Im Rahmen der eingangs angeführten Definition der aktuellen Arbeitswissenschaft (Kapitel 3) soll ein Arbeitssystem möglichst ganzheitlich gestaltet werden, so daß auch hier sowohl der arbeitsorganisatorische Rahmen als
auch der qualifikatorische Rahmen zur Ermittlung der Gestaltungsziele mit
berücksichtigt werden muß.

Da es sich im vorliegenden Fall um eine Umgestaltung bestehender
Arbeitsplätze handelt, die darüber hinaus z. T. gesundheitsbeeinträchtigend
wirken, sollen zunächst die technisch-physikalischen Vorbedingungen für
eine ergonomische Gestaltung dargelegt werden.

Erst in einen zweiten Schritt wird das Problem der ganzheitlichen Gestaltung aufgegriffen und ihre Notwendigkeit nachzuweisen sein. Diese
Vorgehensweise ergibt sich auch aus der Hierarchie der Gestaltungsziele, da
zunächst Aspekte der Schädigungslosigkeit und Beeinträchtigungfreiheit
beim Gestaltungsvorgang zu berücksichtigen sind.

Ein physikalisch-technisches Prüfsystem - projiziert auf die vorliegende
Problemstellung - hat demnach folgende Aspekte zu berücksichtigen:

-       Beibehaltung des hohen Fehlerkontrastes,

-       Verhinderung der starken Blendung,

-       Normale Umgebungsbeleuchtung und

-       Unterdrückung von Störinformationen.

Durch ein zeitweiliges Abdunkeln des Leuchtfeldes während des Wechsels
der Ziffernblätter, kann die starke Blendung beim Wechseln der
Ziffernblätter vermieden werden. Dies könnte beispielsweise mechanisch

durch die Verwendung eines Verschlußes vor dem Beleuchtungskörper bewirkt werden. Allerdings würden hiermit beispielsweise nicht die Handhabungssprobleme beim genauen Auflegen des Ziffernblattes auf die Negativmaske beseitigt werden können.

Ein physikalisch-technisches Verfahren, das den oben aufgeführten Anforderungen gerecht wird, kann über die Nutzung der Polarisationseffekte der Optik realisiert werden.

Das Licht als elektromagnetische Welle ist im Normalfall - beispielsweise ausgehend von einer Glühlampe - unpolarisiert, d. h. die elektrischen und magnetischen Felder sind in alle transversalen Ebenen orientiert. Beim linearen Polarisationszustand des Lichtes, deren elektrische und magnetische Felder senkrecht zur Ausbreitungsrichtung stehen, sind diese Felder fest in bestimmten transversalen Raumrichtungen orientiert.

Zur Erzeugung von linear polarisiertem Licht können beispielsweise Polarisationsfilter verwendet werden. Werden dabei zwei Polarisationsfilter mit um 90° zueinander verdrehten Polarisierungsrichtungen gleichzeitig verwendet, so wird die vom ersten Filter durchgelassene Schwingungsrichtung vom zweiten Filter absorbiert, so daß diese Kombination von zwei Filtern das auftreffende Licht sperren kann.

Das Tägermaterial der Ziffernblätter besteht aus milchigem Kunststoff, der zwar lichtdurchlässig, aber nicht klar durchsichtig ist. Derartige Kunststoffe depolarisieren das Licht durch Vielfachstreuung (CRAWFORD 1974, S. 236f).

Werden zwischen die „gekreuzten" Polarisationsfilter depolarisierende Stoffe gehalten, so werden zusätzlich Schwingungskomponenten des vom ersten Filter linear polarisierten Lichtes erzeugt. Diese wiederum werden jetzt vom zweiten Filter nicht absorbiert, da sie nicht parallel zu seiner Absorptionsrichtung verlaufen, d. h. diese Lichtanteile werden wieder durchgelassen und sind somit hinter dem Filter sichtbar. Abbildung 6.6 verdeutlicht die beschriebene Wirkungsweise.

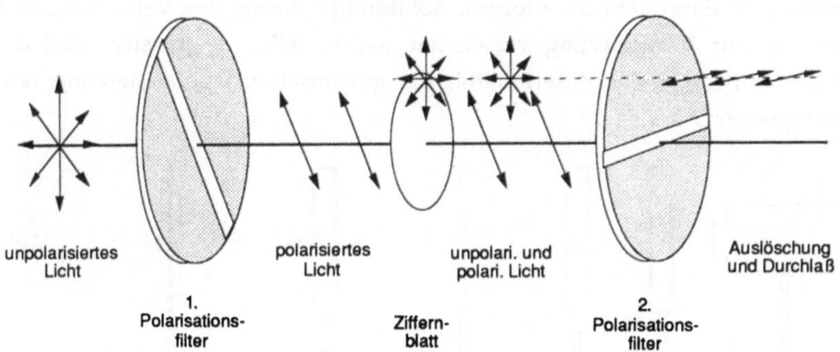



Abb. 6.6: Depolarisierende Wirkungsweise eines Ziffernblattes

Wird ein Ziffernblatt zwischen die beiden gekreuzten Polarisationsfilter gehalten, ergibt sich für den Prüfvorgang

- an den Stellen, an denen der Kunststoff ausgestanzt ist, wird weiterhin das durchscheinende Licht durch die Polarisationsfilter ausgeblendet,

- nur das Licht scheint durch, daß auf das Material des Prüfkörpers trifft (Die Fehler erscheinen also weiterhin als selbstleuchtende Objekte),

- ohne Prüfkörper ist das gesamte Licht abgeblendet,

- die Umgebung kann „normal" beleuchtet werden und

- der Prüfkörper braucht nicht mehr auf eine spezielle Maske gelegt zu werden, sondern kann einfach mit der Hand zwischen die Polarisationsfilter gehalten werden.

Für die Fehlerkontrastierung bedeutet dies darüber hinaus:

- Störinformationen, wie gewollte Ausstanzungen, fallen weg und

- die Lichtstärke der leuchtenden Fehler - und damit der Fehlerkontrast - kann über die Leistung der Beleuchtung in weiten Grenzen eingestellt werden.

### 6.3.1.3 Ergonomische Neugestaltung des Prüfplatzes

Die technische Realisierung dieses Vorganges zur Überprüfung der Wirksamkeit kann über eine Anordnung, wie sie in Abbildung 6.7

prinzipiell dargestellt ist, erfolgen. Abbildung 6.8 zeigt den Versuchsaufbau, wie er zur Verifizierung verwendet wurde. Hier zeigte sich, daß der Kunststoffträger des Ziffernblattes die gewünschte depolarisierende Wirkung besitzt.

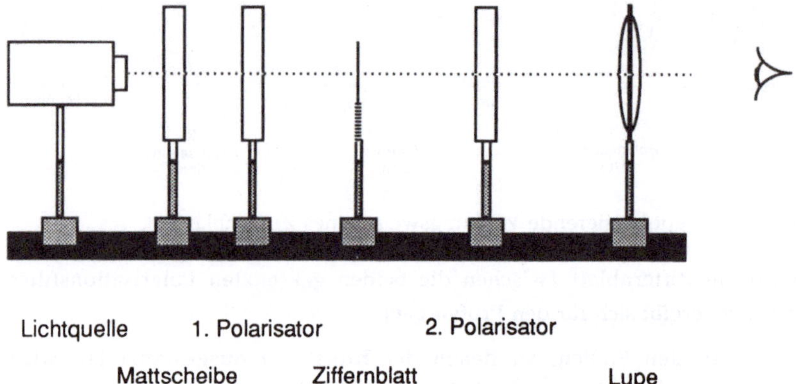


Abb. 6.7:  Anordnung zur Prüfung von Ziffernblättern

Abb: 6.8:     Versuchsaufbau zur Prüfung von Ziffernblättern

In Abbildung 6.9 ist der Aufbau eines so verbesserten Prüfplatzes dargestellt, der zudem über eine Objektivlinse zusätzlich eine Entspannung des Auges beim Prüfvorgang bewirkt.

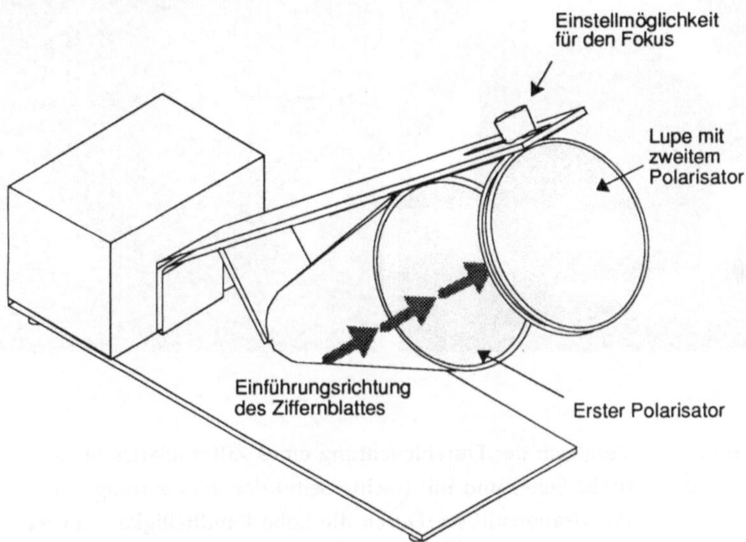


Abb: 6.9:    Ergonomisch gestaltete Prüfapparatur zur Prüfung von Ziffernblättern

Zur Verifizierung dieser Maßnahmen wird das Prüfverfahren vor der ergonomischen Neugestaltung mit dem nach der Gestaltungsmaßnahme verglichen. Abbildung 6.10 zeigt ein Ziffernblatt ohne Benutzung von Polarisationsfiltern (linke Seite der Abbildung) und mit der Benutzung der Polarisationsfilter (rechte Seite der Abbildung) allerdings noch mit Hilfe des Versuchsaufbaus.

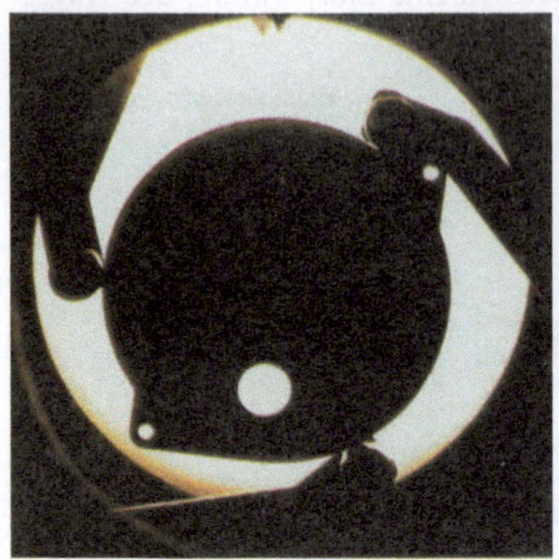

Abb. 6.10      Vergleich der Durchleuchtung eines Ziffernblattes ohne (linke Seite) und mit (rechte Seite) der Verwendung von Polarisationsfiltern. Durch die hohe Randhelligkeit um das Ziffernblatt der linken Seite der Abbildung sind die durchscheinenden Elemente aus fototechnischen Gründen unterbelichtet

Ein Vergleich der beiden Verfahren zeigt die ergonomischen als auch die qualitätswirksamen Vorteile des neuen Verfahrens:

-    gute ergonomische Handhabung,

-    Verhinderung von Blendungen,

-    konstante ausreichende Beleuchtungsbedingungen - auch unter Tageslicht und

-    hoher Kontrast durch hohe Beleuchtungsstärken ohne Blendung.

### 6.3.2    Gestaltung eines Spritzgußprüfarbeitsplatzes für Deckgläser

Der Prüfplatz zur Fehlerüberprüfung der Deckgläser befindet sich direkt an der Spritzgußmaschine.

Wie bereits in Kapitel 5.3.4 beschrieben, entnimmt die Prüfperson nach dem Spritzvorgang der geöffneten Form die Deckgläser. Jedes Deckglas wird mit beiden Händen gegen eine Arbeitsleuchte gehalten. Abbildung 6.11 zeigt eine Prüfperson bei der Sichtkontrolle. Untersucht werden die Deckgläser nach :

- weißen Punkten,

- Schlieren und Wolken.

- nach schwarzen Einschlüssen und

- Sonstigen Fehlern z.B. Kratzer.

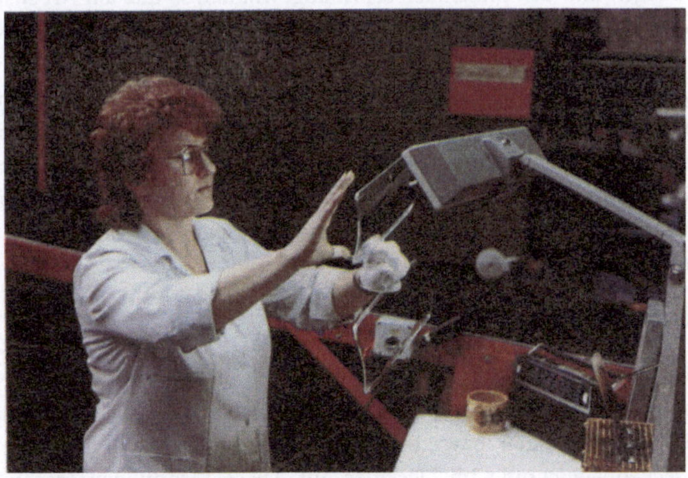

Abb. 6.11:    Spritzgußprüfarbeitsplatz für Deckgläser bei einem typischen Prüfvorgang

Im Zuge von Rationalisierungsmaßnahmen wird die Entnahme der Deckgläser aus der Form sowie das Entfernen des Angusses durch Handhabungsgeräte vorbereitet. In diesem Fall verbleibt der Prüfperson noch das Kontrollieren und Ablegen in die hierfür vorgesehenen Kästen. Da das Handhabungsgerät die Teile auf einem Transportband mit Pufferfunktion ablegt, sollen in der verbleibenden Zeit Teile aus dem Speicherpuffer an anderen Arbeitsplätzen kontrolliert werden.

### 6.3.2.1    Analyse der qualitätshemmenden Einflüsse

Der ursprüngliche, neu zu gestaltende Prüfplatz für Deckgläser zeigt bezogen auf die Durchführung der Sichtkontrolle die folgenden ergonomischen Schwachstellen:

**A) Unzureichendes Beleuchtungsniveau**

Die Deckenbeleuchtung aus stark blendenden „Punktstrahlern" ist hier sehr hoch an der Decke angebracht und wird unter anderem von Krananlagen und den Maschinen selbst abgeschattet, so daß am Arbeitsplatz ein für die Sichtkontrolle unzureichendes Beleuchtungsniveau vorliegt (Beleuchtungsstärke: 300 - 400 Lux ohne Arbeitsplatzleuchte). Aus diesem Grunde wurden bereits Arbeitsplatzleuchten, größtenteils mit Blendschutz versehen, installiert. Diese werden allerdings meist unsachgemäß eingesetzt, da die Prüfpersonen die Arbeitsplatzleuchten über ihre Augenhöhe fixieren und damit direkt in die stark blendenden Leuchtstoffröhren schauen (Beleuchtungsstärke: 700 Lux mit Arbeitsplatzleuchte).

**B) Blendwirkung**

Durch die Art der hier praktizierten Prüfmethode treten neben der starken direkten Blendung durch die Arbeitsplatzleuchte auch hohe Reflexblendungen bzw. Phantombilder durch die Spiegelung der Deckenbeleuchtung im Deckglas auf. Diese Blendungen erschweren das Erkennen der Fehler durch ständige Akkomodationen der Augen. Dies führt zu starker Ermüdung und Kopfschmerzen - Beschwerden, die von den meisten Mitarbeitern angeführt wurden.

## C) Kontrastarmut

Um die Fehler „schwarze und weiße Punkte" sicherer erkennen zu können, ist ein hoher Kontrast gegenüber dem Prüfkörper erforderlich. Aus diesem Grunde halten die Prüfpersonen beim Blick in die Arbeitsleuchte das Deckglas zum Teil gegen den dunklen Hintergrund der Maschine und beim Ablegen gegen den hellen Untergrund der Arbeitsfläche. Allerdings sind diese Hintergründe unruhig, nicht definiert und enthalten viele Störinformationen. Diese Bedingungen erfordern wiederum erhöhte Sehanstrengung beim Fehlererkennen, die zu vorzeitigen Ermüdungen und Konzentrationsschwächen führen können.

## D) Sonstige Schwachstellen

Vielfach werden Deckgläser aussortiert, die durchaus noch verwertbar wären. Dies liegt an der Entscheidungsunsicherheit der Prüfpersonals: Da man nicht genau weiß, ob ein Glas im Zweifelsfall gut oder schlecht ist, wird es lieber aussortiert, um negative Rückmeldungen zu vermeiden. Diese Unsicherheit bewirkt somit ein internes Hochsetzen der Fehlergrenzen.

Aus den dargestellten Problempunkten leiten sich für die Verbesserung eines Prüfverfahrens die folgenden Forderungen ab:

- Verringerung der augenphysiologischen Belastungen durch Phantombilder und Blendungen und

- Verringerung der psychischen Beanspruchungen, die zu Fehlleistungen führen können undVerbesserung der Entscheidungssicherheit d.h.:

    - Erhöhung des Fehlerkontrastes,

    - Verringerung der Störinformationen (Hintergrund, Spiegelungen, oberflächlicher Staub) und

    - Verbesserung der Reproduzierbarkeit der Fehler (Vereinheitlichung einer sicheren Durchleuchtung).

In einem ersten Schritt muß somit eine Prüfmethode entwickelt werden, die die dargestellten Forderungen erfüllt und die Verhinderung von Zwangshaltungen durch eine Verbesserung der Arbeitsplatzgestaltung zuläßt. Deutlich wird hier, daß die qualitätshemmenden Arbeitsplatzbedingungen zum großen Teil mit mangelnden ergonomischen Arbeitsplatzbedingungen zusammenhängen.

### 6.3.2.2 Technisch-physikalische Grundlagen zur Umgestaltung

Zur Verwirklichung dieser Forderungen bieten sich physikalisch-technische Verfahren für die Prüfmethoden an wie beispielsweise diffuses Gegenlicht oder eine Dunkelfeldbeleuchtung. Bei den genannten Verfahren wird allerdings eine Unterscheidung zwischen Störinformationen wie Staubkörner etc. und "echten" Fehlern nicht unterstützt.

Ein technisch-physikalisches Prüfverfahren, das auch die Störinformation „ausblendet", kann durch eine Lichteinkopplung in das zu untersuchende Deckglas erreicht werden.

Die Lichteinkopplung in ein optisch durchlässiges Medium basiert auf dem physikalischen Prinzip der Totalreflexion. Die in der Optik bekannte Totalreflexion tritt dann auf, wenn Licht von einem optisch dichteren Medium (Brechungsindex $n_1$) unter einem bestimmten Winkel auf ein optisch dünneres Medium (Brechungsindex $n_2$) trifft. Es wird vollständig reflektiert, wenn mit $n_1 > n_2$ für den Auftreffwinkel $\alpha$ gilt:

$$\sin\alpha \geq \frac{n_2}{n_1} \qquad (2)$$

Die Deckgläser bestehen aus einem transparenten Kunststoff, dessen Brechungsindex $n_D$ größer als der von Luft ist. In die Deckgläser eingeleitetes Licht tritt deswegen nur an den Kanten der Deckgläser wieder aus oder an Stellen, die die oben dargestellte Winkelbedingung „stören". Solche Austrittsstellen werden insbesondere durch Fehler wie

- Kratzer
- Schlieren und
- weiße Einschlüße bewirkt.

Dies beruht darauf, daß beispielsweise Fremdkörper (wie Einschlüsse) oder Oberflächenveränderungen (wie Kratzer oder Schlieren) das auftreffende Licht streuen und damit den Grenzwinkel des Lichtes mit einem Teil der vom Streuobjekt ausgehenden Lichtstrahlen unterschreiten. Solche Objekte werden damit als selbstleuchtende Stellen sichtbar. Abbildung 6.12

verdeutlicht die Wirkung von Fehlern auf die Streuungssrichtung der Strahlung.

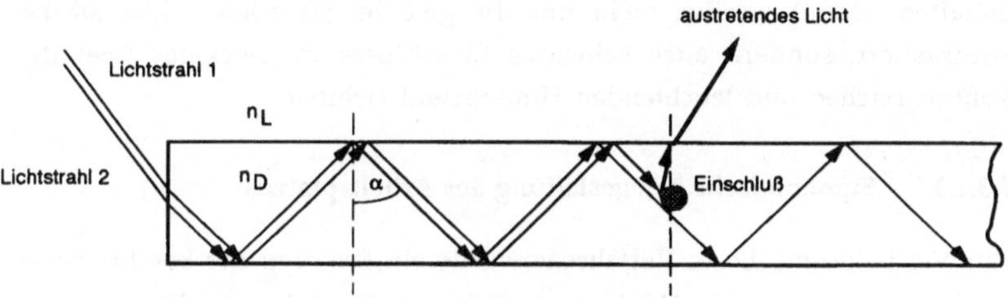


Abb. 6.12: Streuung des Lichtes durch Fehlerobjekte

Die auftretenden Fehler sind bei diesem Verfahren als selbstleuchtende Fehler leicht zu erkennen. Darüber hinaus unterdrückt dieses Verfahren Störinformationen wie Staub etc., da dieser sich lediglich auf der Oberfläche des Kunststoffes befindet und deshalb die Bedingung (2), die zur Totalreflexion des eingeleiteten Lichtes führt, nicht verändert.

Zur besseren Erkennung schwarzer Einschlüsse, die die Streuung des Lichtes durch Absorption verhindern, muß ein zusätzlicher Kontrast mit Hilfe eines entsprechenden hellen Hintergrundes erzeugt werden.

Um den Kontrast der selbstleuchtenden Fehler nicht zu veringern, wird der Hintergrund mit andersfarbigem als dem in das Deckglas eingeleitetem Licht beleuchtet. Hierzu müssen zwei möglichst monochromatische Lichtquellen in Komplementärfarben zueinander verwendet werden, um einen möglichst hohen Farbkontrast zu erreichen. Dies kann mittels spezieller Lichtquellen sowie einer Verwendung von Lisa*)-Kunststoff zur Lichteinleitung realisiert werden. Die Verwendung von Lisa-Kunststoff, der hier gelbfarbiges Licht mit einem sehr schmalbandigen Spektralbereich erzeugt, vereinfacht darüber hinaus die Einkopplung des Lichtes in das Deckglas, da er sich beliebig fräsen und damit an die Form der Deckglaskanten anpassen läßt.

---

*) Lisa-Kunststoffe sind sog. Lichtsammler, die Licht eines bestimmten Frequenzspektrums absorbieren und sehr schmalbandiges Licht mit einer niedrigeren Frequenz emittieren. Hiermit kann auf einfache Art und Weise fast monochromatisches Licht erzeugt werden.

Das Deckglas wird somit beim Prüfvorgang vor einem blau (als Komplementärkontrast zu der Farbe Gelb) beleuchteten Hintergrund gehalten. Damit werden nicht nur die gelb leuchtenden Fehler stärker kontrastiert, sondern auch schwarze Einschlüsse im Deckglas über den kontrastreichen und leuchtenden Hintergrund sichtbar.

### 6.3.2.3    Ergonomische Neugestaltung des Arbeitsplatzes

Zur Verifizierung dieses Verfahrens wurde ein Prototyp der beschriebenen Prüfapparatur, wie er in Abbildung 6.13 dargestellt ist, hergestellt.

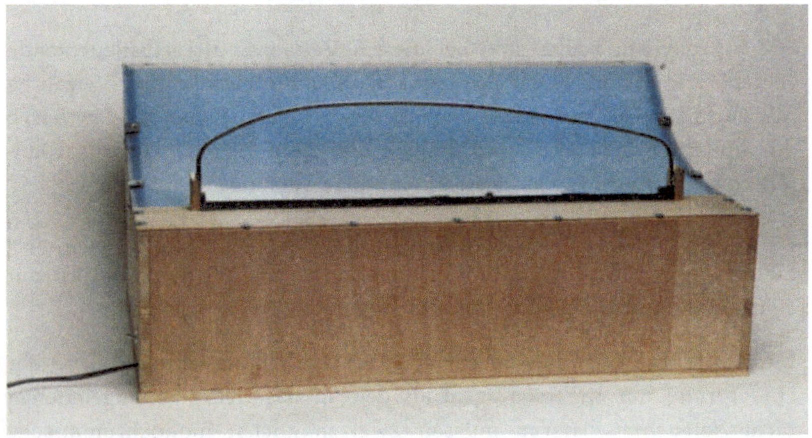

Abbildung 6.13: Prototyp der Prüfapparatur zur Prüfung von Deckgläsern

Die Abbildungen 6.14 und 6.15 zeigen als Beispiel einen Fehler (Kratzer) bei Benutzung dieser Apparatur und ohne, d.h. mit dem bis dahin benutzten Gegenlicht zur Kontrasterzeugung. Es zeigt sich hierbei die gewünschte Erhöhung des Fehlerkontrastes bei allen auftretenden Fehlern sowie die Unterdrückung der Störinformationen.

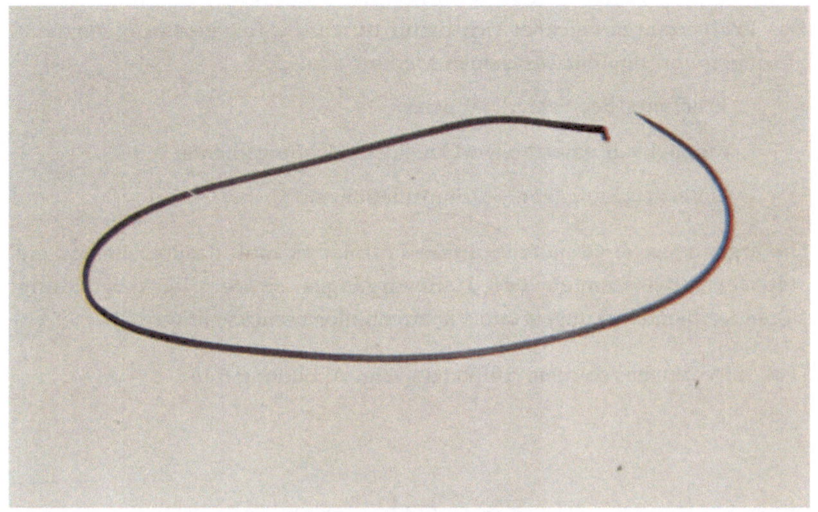

Abb. 6.14: Darstellung eines Fehlers mit Hilfe der herkömmlichen Prüfmethode

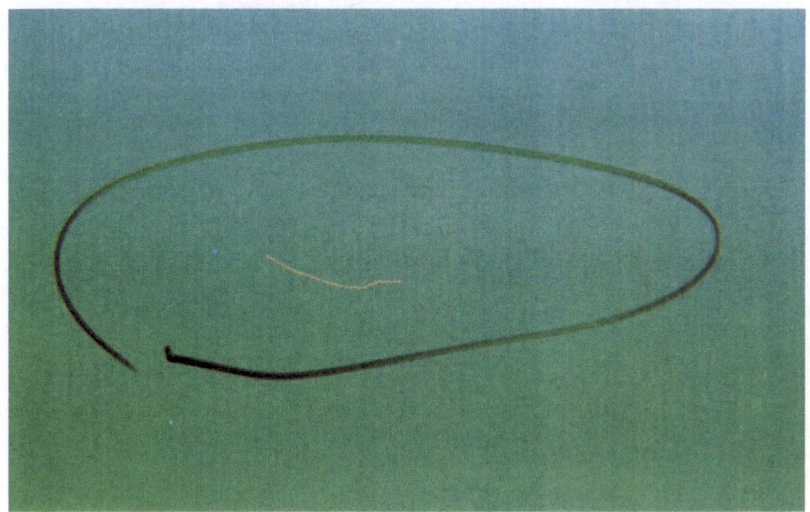

Abb. 6.15: Darstellung eines Deckglasfehlers mit Hilfe der hier beschriebenen neuentwickelten Prüfmethode

Das Prüfverfahren zeichnet sich damit durch die folgenden ergonomisch günstigen und qualitätswirksamen Merkmale aus:

-   Erhöhung des Fehlerkontrastes,

-   Möglichkeit einer hohen Umfeldbeleuchtungsdichte und

-   Unterdrückung von Störinformationen.

Die ergonomische Gestaltung dieses Prüfplatzes muß darüber hinaus die statischen Belastungen des Haltevorganges sowie die Vermeidung störender Blendwirkungen und Phantombilder berücksichtigen.

Den Entwurf eines solchen Prüfplatzes zeigt Abbildung 6.16.

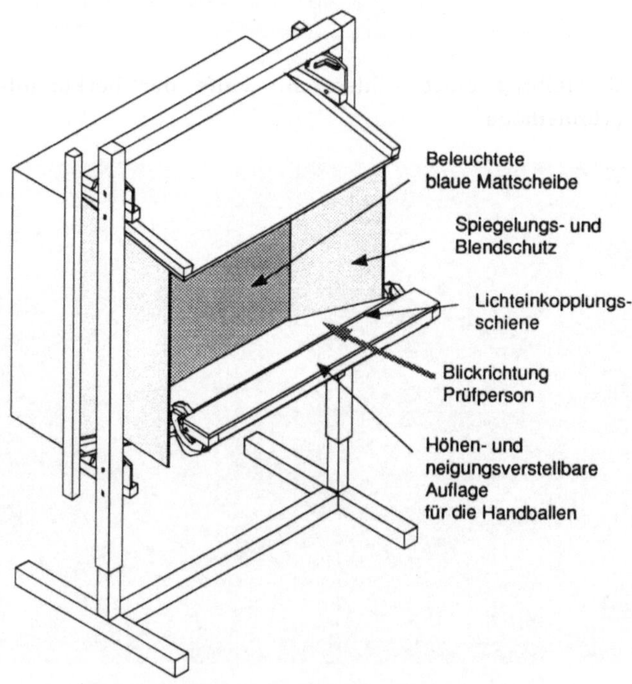


Abb. 6.16: Ergonomisch gestalteter Prüfplatz zum Prüfen von Deckgläsern

Hierbei wurden die folgenden ergonomischen Gesatltungsaspekte zusätzlich berücksichtigt:

-       Verminderung von Zwangshaltungen,

-       individuelle Anpassung unterschiedlicher Körpergrößen,

-       optimale Blickwinkelanpassung durch einen möglichen Blickwinkel von ca. 30 ° und

-       Führungshilfen zum sicheren und schnellen Auflegen der Deckglaskante auf die Lichteinkopplungsschiene.

## 6.4 Ursachen-Wirkungsüberprüfung

Die Herstellung fehlerfreier Produkte wird durch die ergonomische Gestaltung der Prüfplätze in Kombination mit einem geeigneten Prüfverfahren durch eine höhere Fehlererkennbarkeit günstig beeinflußt. Damit werden die Voraussetzungen geschaffen,

1.      daß Fehler überhaupt erkannt werden können (Ausführbarkeit),

2.      daß das Prüfverfahren den optischen Informationskanal nicht physisch überanstrengt (Schädigungslosigkeit).

Der Prüfvorgang selbst wird dadurch erheblich erleichtert.

Um die Qualitätsförderlichkeit dieser Maßnahmen abzuschätzen, werden die sich durch den Gestaltungsvorgang verändernden Parameter mit Hilfe des ERM „Qualität" näher betrachtet.

Durch die Verbesserung der Prüfmittel (U15/SS6)[*] und die günstige Beeinflußung der Ergonomie des Prüfplatzes (U20) wird sowohl die Entscheidungsunsicherheit (SS20) („Handelt es sich hier um einen Fehler oder nicht?"), die zur psychischen Überforderung (U2/SS16) führen könnte, als auch einer möglichen Ermüdung (U22/SS 22), die zur erhöhten Nachläßigkeit (U6/SS 21) führen kann, entgegengewirkt.

Bei näherer Betrachtung des Arbeitsplatzes zeigt sich jedoch, daß auch weitere Parameter durch die Umgestaltung des Arbeitsplatzes betroffen sind. So

---

[*]     Die im folgenden in Klammern angegebenen Bezeichnungen beziehen sich auf die in Abbildung 5.12 dargestellten Entitäten der qualitätswirksamen Ursachen-Wirkungszusammenhänge.

zeigt sich auch, daß neben den beiden günstigen Beeinflußungen der „Entscheidungsunsicherheit" und der „psychischen Überforderung" die Monotonie einer <u>negativen</u> Ausprägung unterliegt.

### 6.4.1 Monotonie, Ermüdung

Abbildung 6.17 zeigt eine einfache Modellbetrachtung, die diese' Überlegungen deutlich machen soll.

Hierin ist zu erkennen, daß die Verbesserung des Fehlerkontrastes zu einer geringeren Beanspruchung des <u>optischen Informationskanals</u> führt. Gleichzeitig wird der Fehlerfindungsprozeß derart vereinfacht, daß ein spezifisches „know how" der Prüfperson beispielsweise durch geschicktes Halten und Verdrehen des Deckglases zur Raumbeleuchtung nicht mehr benötigt wird.

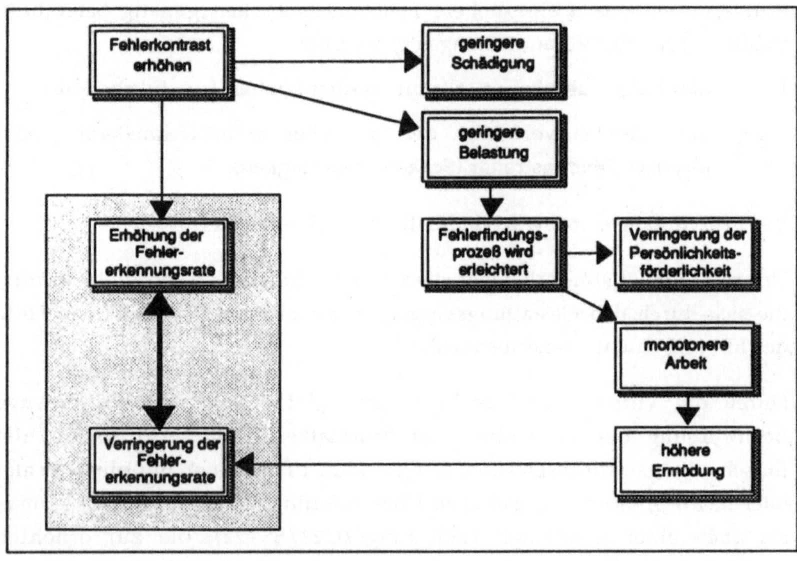


Abbildung 6.17: Exemplarische Modellbetrachtung zur Qualitätsförderlichkeit ergonomischer Maßnahmen

Zwar wird durch die Gestaltungsmaßnahme das Gestaltungsziel „Schädigungslosigkeit" positiv beeinflußt, auf der anderen Seite wird der Aspekt der Persönlichkeitsförderlichkeit durch geringe Anforderungen an den persönlichen Qualifikationsgrad der auszuübenden Tätigkeit aber vernachlässigt. Die hiermit verbundene Verringerung der Regulationsanforderungen bedingt nicht nur eine Demotivierung bei dieser Tätigkeit, sondern führt auch zu Monotonieeffekten (U23/SS23). Dies wiederum führt zur Erhöhung der Ermüdung (U22/S22), womit die Fehlererkennungsrate wiederum sinkt.

Diese einfache Modellbetrachtung macht deutlich, daß nur eine ganzheitliche Gestaltung im Sinne einer prospektiven Arbeitswissenschaft zur Erreichung des Ziels der Qualitätsförderlichkeit wirksam ist. Exemplarisch wird im folgenden deshalb auf einen ganzheitlichen Gestaltungsvorgang näher eingegangen. Darüber hinaus wird deutlich, daß das Ziel Persönlichkeitsförderlichkeit unter Umständen mit der Qualitätsförderlichkeit korreliert.

## 6.5  Erweiterte ganzheitliche Gestaltung

Da Vigilanz- und Monotonieprobleme mit den positiven Gestaltungsmerkmalen Schädigungslosigkeit und Ausführbarkeit im Rahmen der hier exemplarisch beschriebenen Prüfplatzbedingungen einhergehen, muß eine ganzheitliche Gestaltung von Arbeitssystemen im Sinne von arbeitswissenschaftlichen Zielsetzungen sowie der Verrichtung fehlerfreier Arbeit erfolgen.

Arbeitsorganisatorische Gestaltungen berücksichtigen die drei Einflußfaktoren: Technik, Organisation und Qualifikation (HEEG 1988b, S. 3).

Über eine Gestaltung dieser drei Einflußfaktoren wird im Sinne der Persönlichkeitsförderlichkeit der persönliche Handlungsspielraum, d.h. der Tätigkeits- wie der Entscheidungs- und Kontrollspielraum (ULICH 1972) des Menschen erweitert. Bezogen auf den Arbeitsinhalt eines so zu gestaltenen Arbeitssystems geht es um die geeignete Struktur der Arbeit, geeignete Arbeitsaufgaben und Anforderungen. In diesem Sinne wird möglichen dequalifizierenden Tendenzen entgegengewirkt. Darüber hinaus werden persönliche Entwicklungen des Menschen gefördert.

Arbeitsorganisatorische Gestaltungsmaßnahmen zielen u.a. auf (vgl. HEEG 1988b, S. 74ff):

(1)     Erweiterung des Handlungsspielraums,

(2)     ganzheitliche Aufgabeninhalte,

(3)     Ermöglichung von Lernprozessen während der Arbeit und

(4)     Schaffung transparenter Arbeitsprozesse.

Auch hier sind direkt Übereinstimmungen dieser Ziele mit dem Wirksystem qualitätsförderlicher Arbeit (Abbildung 5.12) zu erkennen: so bewirken „Transparente Arbeitssysteme", wie auch „ganzheitliche Aufgabeninhalte" eine Verbesserung von „fehlendem Wissen um Zusammenhänge (U17/SS16)" oder „Erkennen der Funktion (des Bauteils oder der Baugruppe) nicht möglich (U26/SS 13)". Auch die arbeitsorganisatorischen Gestaltungsziele „Erweiterung des Handlungsspielraums" und „Ermöglichung von Lernprozessen während der Arbeit" wirken in diesem Sinne qualitätsfördernd, da durch solche Maßnahmen die „allgemeine Mitarbeitermotivation (U14/SS19)" gefördert werden kann.

Um solche Maßnahmen nun konkret im betrieblichen Geschehen umzusetzen, müssen neben beteiligungsorientierten Vorgehensweisen auch individuelle personelle Aspekte der Mitarbeiter, wie Akzeptanz, Qualifikation und Motivation berücksichtigt werden, wie dies beispielsweise bei der differentiell dynamischen Arbeitsgestaltung geschieht (ULICH 1978). Hierzu wurden spezielle Verfahren, wie Fragebögen zur subjektiven Arbeitsanalyse (SAA) von ULICH (1981), entwickelt, bei denen gleichzeitig Beteiligungsaspekte berücksichtigt werden.

Im Rahmen dieser Arbeit liegt allerdings der Problemschwerpunkt auf den durch die Informationsaufnahme- und -verarbeitungsoperationen entstehenden Fehlleistungen des Menschen. Insofern ist zwar die Gestaltung des ganzen Arbeitssystems - wie oben nachgewiesen - notwendig, jedoch wird auf die Beschreibung einer detaillierten arbeitsorganisatorischen Gestaltungsmaßnahme in den Punkten verzichtet, die die grundsätzliche, exemplarische qualitätsrelevante Gestaltungsmaßnahme nicht näher charakterisieren können. Beispielsweise wird deshalb auf eine Beschreibung der individuellen Qualifizierungsprobleme des Prüfpersonals verzichtet und auf eine detailliertere Beschreibung individueller Gestaltungsaspekte.

### 6.5.1 Qualitätsrelevante arbeitsorganisatorische Problemstellung

Eine arbeitsorganisatorische Um- bzw. Neugestaltung gemäß den dargestellten Zielen bezieht das organisatorische Umfeld in den Gestaltungsbereich ein, um größere oganisatorische Einheiten schaffen zu können wie beispielsweise gruppentechnologische Konzepte (Fertigungsinseln etc.). Im vorliegenden Fall werden daher die vor- und nachgelagerten Arbeitsplätze der Prüfplätze in einem konzeptuellen Enwurf integriert. Abbildung 6.18 zeigt exemplarisch das prinzipielle Ablaufschema von Sichtkontrollarbeitsplätzen bei der Herstellung von Kombiinstrumenten.

Zu den bereits dargestellten Prüfarbeitsplätzen „100%-Sichtkontrolle" (1,2 in Abbildung 6.18)) und „100%-Sichtkontrolle Ziffernblatt" (6 in Abbildung 6.18)" kommen weitere Tätigkeiten zur Erstellung und Prüfung des Spritzgußrahmens, der Lackierung, des Schweißens mit anschließender Sichtkontrolle sowie der Endmontage mit einer weiteren 100%-Endkontrolle hinzu.

Zu erkennen ist beispielsweise bei einer derartigen Ablauforganisation, daß das Deckglas insgesamt einer fünffachen Sichtkontrolle unterzogen wird:

-       nach dem Spritzen

-       vor dem Prägen

-       vor dem Schweißen

-       bei der Rahmenkontrolle und

-       bei der Endkontrolle.

Dabei werden zwischen „Spritzen" und „Prägen" keine Veränderungen (nur Transport) am Deckglas vorgenommen, d.h. bis zum Prägen ist das Glas bereits zweimal einer 100%-Kontrolle unterzogen worden.

Aus derartigen Organisationsformen entsteht ein weiteres Qualitätsproblem, da viele Abteilungen in der Regel räumlich und personell soweit auseinanderliegen, daß sich zwischen den Abteilungen verschiedene Qualitätsstandards aufbauen können. Dies wird dadurch verschärft, daß bei solchen Organisationsformen meist betriebsinterne Verrechnungen des Ausschusses auf die einzelnen Fertigungsabschnitte bezogen werden.

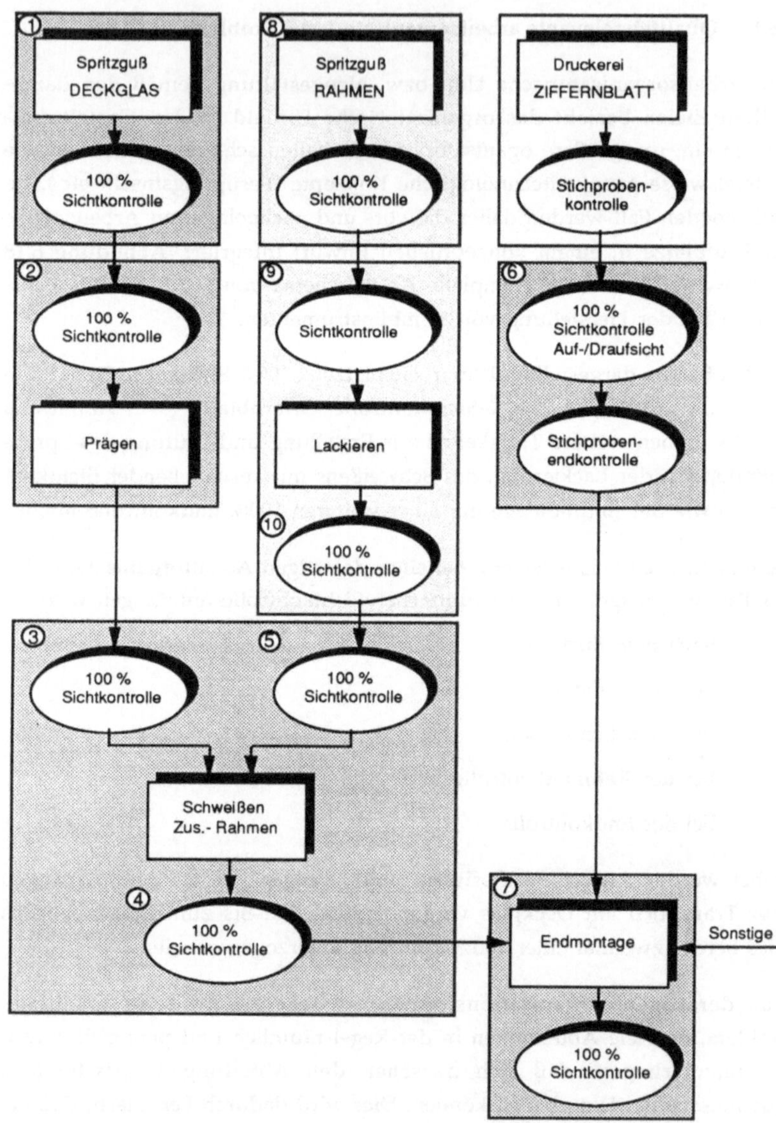


Abb. 6.18:  Ablaufdiagramm der vorhandenen Struktur der Sichtkontrollarbeitsplätze

Die Fertigungsabschnitte setzen deshalb in der Regel ihre Eingangs-
qualitätsniveaus sehr hoch (zu Lasten der vorgelagerten Abteilungen) und
ihr Ausgangsniveau möglichst niedrig an (möglichst viele Gutteile).

Neben den Vigilanz- und Monotonieeffekten sprechen somit weitere
relevante Problempunkte für eine arbeitswissenschaftliche Gestaltung derartiger Organisationsformen.

### 6.5.2 Qualitätsfördernde Aspekte einer arbeitsorganisatorischen Umgestaltung

Für die hier exemplarisch behandelte Problemstellung kann das folgende
organisatorische Lösungskonzept zugrundegelegt werden.

Die Sichtkontrollarbeitsplätze werden eigenständige, ergonomisch gestaltete
Arbeitsplätze, wobei der gesamte Arbeitszyklus von der „Sichtkontrolle
Deckglas" bis zur „Sichtkontrolle Rahmen" von einer Gruppe mit
selbstbestimmtem Arbeitsplatzwechsel durchgeführt werden soll. Die
Arbeitsstationen 1-6 (siehe Abbildung 6.18) sollten räumlich möglichst zu-
sammenhängend bzw. verbunden durch einfache Transportbänder (mit
Pufferfunktion) angeordnet werden. Abbildung 6.19 zeigt dieses Organi-
sationsschema.

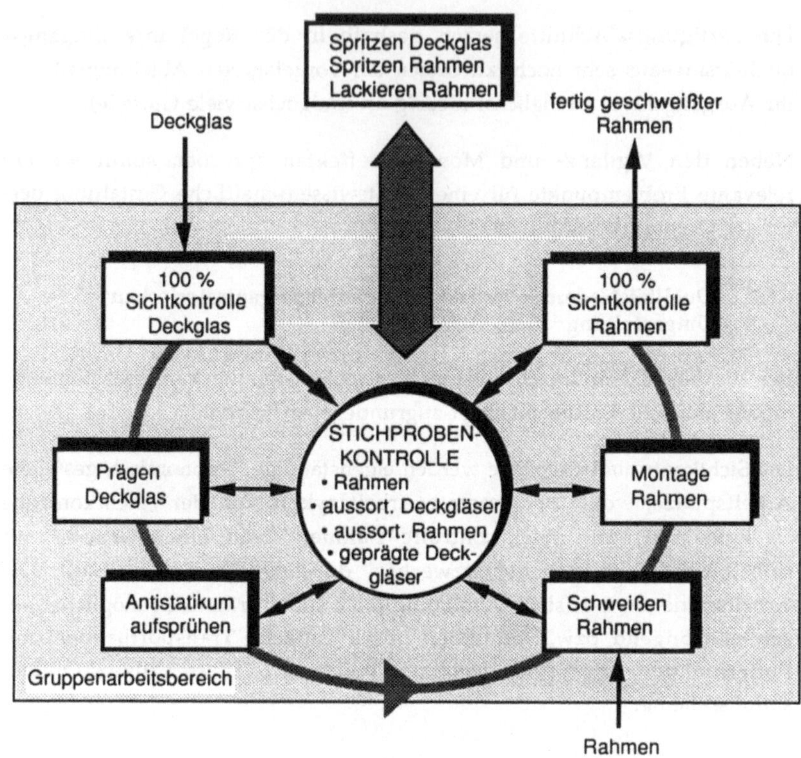



Abb. 6.19: Gruppenorientiertes Organisationsschema „Sichtkontrolle Deckglas"

Da die Prüfverfahren selbst „anspruchsloser" und sicherer geworden sind, kann das einzubeziehende Personal zu weiteren Arbeitschritten qualifiziert werden, d.h. je nach Kapazität der Betriebsmittel und Dauer der einzelnen Arbeitszyklen können auch die Arbeitsaufgaben der Maschinenbediener durch Prüfvorgänge erweitert werden. So können auch anderen Aufgaben wie beispielsweise das Aufsprühen des Antistatikums durch den Bediener der Schweißmaschine übernommen werden.

Ebenso ist die Montage einzelner Baugruppen durch das Personal der Sichtkontrolle für diese Baugruppe denkbar.

Eine solche Aufgabenerweiterung in Verbindung mit gestalterischen Verbesserungsmaßnahmen der Prüfplätze und des Prüfverfahrens bietet die folgenden qualitätswirksamen Vorteile:

-       Reduktion der monotonen Sichtkontrollen,

-       Durch die Verkürzung der Prüftätigkeit, ermöglicht durch prüftätigkeitsfreien Arbeitsplatzwechsel, werden Fehlleistungen aufgrund von Vigilanzeffekten vermindert. Für die Prüfpersonen ergeben sich abwechslungsreichere Tätigkeiten.

-       Durch das enge Zusammenwirken der nachgeschalteten, übergeordneten Stichprobenkontrollen wird eine Vereinheitlichung des Qualitätsstandards mit direkter Rückmeldung bei Abweichung von diesem Standard erreicht. Durch Einbeziehung der aussortierten Deckgläser kann unter Umständen der „Pseudo-Ausschuß" (aussortierte, aber noch brauchbare Deckgläser) reduziert werden, wenn die Rückmeldung unmittelbar erfolgt. Langfristig wird dieses System die Entscheidungssicherheit der Prüfpersonen weiter erhöhen.

Zur Beurteilung, ob ein Deckglas bzw. Rahmen noch als Gutteil gelten kann oder nicht (z.B. bei Fehlern in Randbereichen), sollte an jedem Sichtkontrollarbeitsplatz ein komplettes Musterkombiinstrument vorhanden sein. Nur so kann die Prüfperson beurteilen, ob Fehler in kritischen Bereichen liegen oder nicht.

Solche Maßnahmen sind qualitätsfördernd, da sie den Bezug zur eigenen Arbeit ermöglichen (vgl. in Abbildung 5.12: „fehlendes Wissen um Zusammenhänge" (U17/SS16) oder „Funktion erkennen nicht möglich" (U26/SS13)).

Darüber hinaus wird mit dieser Organisationsform eine sinnvolle Qualifikationsentwicklung unterstützt, in der Qualifikationen und Qualifikationspotentiale besser genutzt bzw. ausgebaut werden können.

Qualitätsförderlich ist es darüber hinaus, in einem zweiten Schritt im Rahmen der Selbstorganisation und Qualifikation die Aufgabenbereiche der einzelnen Mitarbeiter soweit zu erweitern, daß in einer Art Rotation ganze Teilbereiche losbegleitend von Kleingruppen erledigt werden. Hiermit werden die Entitäten „fehlendes Wissen um Zusammenhänge", „Funktion erkennen nicht möglich" oder „unzureichendes Feedback zum Verursacher", die letztendlich eine „Entscheidungsunsicherheit" in der Kontrolle verursachen können, günstig beeinflußt.

Über arbeitsorganisatorisch sinnvolle Gestaltungsmaßnahmen (im Sinne des arbeitswissenschaftlichen Zielsystems) wird eine Verbesserung qualitätswirksamer Schwachstellen erreicht. Hierbei sind insbesondere die folgenden Schwachstellen zu nennen, die die Fehlleistungen in den Informationsaufnahme- und -verarbeitungsoperationen des Menschen direkt begünstigen (vgl. hierzu Abbildung 5.12):

- Motivation zum Qualitätsmehraufwand (SS8)

- Entscheidungunsicherheit (SS20)

- Personalqualifikationsdefizite ( SS2)

- Ermüdung verursacht durch Vigilanzprobleme (U22/SS22)

Diese Schwachstellen werden über das Wirksystem mit den direkt durch die arbeitsorganisatorischen Maßnahmen verbundenen Entitäten

- Funktion Erkennen nicht möglich (U26/SS13),

- fehlendes Wissen um Zusammenhänge (U17/SS16) und

- Monotonie (U23/SS23)

beeinflußt.

### 6.5.3 Qualitätsfördernde Aspekte einer Qualifizierungsmaßnahme

Mit der Erweiterung des Handlungsspielraumes sind direkte und indirekte Qualifizierungen verbunden, die zum Teil als „Selbstlernprozesse" keine weitere Schulungsmaßnahmen bedürfen. Hierbei sind neben den spezifischen Lerninhalten, beispielsweise Fachwissen über bestimmte Prüfvorgänge, Prüfgeräte etc., auch wichtige extrafunktionale Qualifikationen (HACKSTEIN 1990b) insbesondere Problemlösefähigkeiten (KLEINE 1989) verbunden.

Direkt bezogen auf den Qualitätssicherungsprozeß kann für den Bereich des allgemeinen qualitätsbezogenen Wissens auf die Lehrgangsbeschreibungen der DGQ (Deutsche Gesellschaft für Qualität) verwiesen werden. Auch können von diesen Lehrgängen konzeptionelle Vorschläge übernommen werden (METHNER 1988, S. 779), beispielsweise die folgenden Konzepte:

-       Modulkonzepte,

-       die grundsätzliche Begleitung der Lehrgänge von Arbeitsgruppen zur Anpassung der fachlichen Kompetenz und

-       die jeweilige curriculare Anpassung der Lehrgänge an den Stand der Technik.

Bezogen auf die arbeitswissenschaftliche Relevanz sind diese rein inhaltlichen Ziele jedoch als untergeordnet anzusehen.

Zur exemplarischen Definition qualitätsförderlicher Qualifikationen werden aus dem Ursachen-Wirkungsmodell Ziele für eine Qualifizierungsmaßnahme abgeleitet. Es zeigt sich hier, daß Aspekte wie „Konflikte mit dem Vorgesetzten" oder „Qualitätsbewußtsein" nicht nur die Ebene des einzelnen Mitarbeiters betreffen, sondern auch die Vorgesetzten selbst. Aus ökonomischen Gründen kann nun versucht werden, unter Nutzung des sog. Multiplikatoreffektes eine Schulung der direkten Vorgesetzten anzustreben, die somit eine ständige Qualifizierungstätigkeit übernehmen können.

Diese sich wiederholenden Maßnahmen bewirken eine Qualitätsförderung, da Entitäten wie „Motivation zum Qualitätsmehraufwand" ständiger Maßnahmen bedürfen und nicht durch singuläre Aktionen zu lösen sind.

Als Qualifizierungsmaßnahme, die hier exemplarisch vorgestellt werden soll, kann ein Workshop für Vorarbeiter oder Meister dienen. Hierbei werden die folgenden Entitäten des Entity-Relationship-Modells „Qualität" (Abbildung 5.12) in einer derartigen Schulungmaßnahmen berücksichtigt:

1.      Informationsmangel auf organisatorischer Ebene, keine Rückkopplungen,

2.      Weiterbildungsdefizite (Qualifizierung),

3.      Qualitätsbewußtsein,

4.      Einsatz von Betriebs- und Prüfmitteln (Fehlen von qualitätsrelevanten Aspekten für die Betriebs- und Prüfmittel),

5.      Arbeitsplatzökologiemängel und

6. fehlendes Wissen über Qualitätsdefinitionen bei den in der Fertigung Beschäftigten und auch bei den Konstrukteuren (Handbuch).

Hieraus werden die Ziele des Workshops abgeleitet.

### 6.5.3.1 Grobziele des Workshops „Qualität"

Es sollen fachliche Kenntnisse sowie führungspsychologische Verhaltensweisen vermittelt werden, die die Meister in die Lage versetzen, beim täglichen Umgang mit den Mitarbeitern deren Probleme und Schwierigkeiten im Hinblick auf die Qualitätserzeugung besser wahrzunehmen und für deren Beseitigung Lösungen zu finden.

### 6.5.3.2 Feinziele des Workshops „Qualität"

Die Feinziele untergliedern sich in die Bereiche fachliche/sachliche und verhaltensfördernde Ziele.

### 6.5.3.3 Fachliche/sachliche Ziele

Da die Erörterung der Problemfelder bei dieser Betrachtung im Vordergrund steht und nicht die Qualifizierungsmaßnahme an sich, wird auf eine weitere Operationalisierung und entsprechende Formulierung der Lernziele verzichtet. Die fachlich/sachlichen Ziele sind:

1. Die Grundlagenbegriffe der Qualitätssicherung kennen

   Bei einen derartigen Workshop sollten alle Teilnehmer zu Beginn auf einen gemeinsamen Wissensstand bezüglich des Themas Qualitätssicherung gehoben werden.

2. Die technischen Voraussetzungen zur Sicherung der Qualität kennen

   Durch frühzeitiges Erkennen schlechter Betriebs- und Prüfmittel sowie schlechter Arbeitsplatzvoraussetzungen können rechtzeitig Maßnahmen zur Verbesserung der Produktionsmittel eingeleitet werden. Damit kann die Fehlerentstehung im Vorfeld vermieden werden.

3. Bedeutung der Mitarbeitermotivation für die Qualitätssicherung kennen

Die Meister sollen mit der zentralen Bedeutung der „Motivation zum Qualitätsmehraufwand" vertraut gemacht werden. Viele Fehlerursachen sind mit der (Entität) „Motivation" zu verbinden, beispielsweise Konflikte, Arbeitsumgebung und Mitarbeiterbeteiligung.

4. Qualitätsfördernde Maßnahmen kennen

Das Wissen um qualitätsfördernde Maßnahmen und ihre Anwendung ist als Methodenwissen von großer Bedeutung und zielt somit auf einen qualitätsförderlichen Problemlöseprozeß. Die Anwendung richtet sich auch auf eine Sensibilisierung des Qualitätsbewußtseins der Mitarbeiter.

5. Qualitätsrelevante Informationswege kennenlernen

Hierbei sollen die spezifischen für die Qualitätsherstellung benötigten kürzeren Informationswege erörtert werden und ihre Nutzung erlernt werden.

**6.5.3.4    Verhaltensfördernde Ziele**

6. Den hohen Stellenwert der Qualität für das Unternehmen kennen

7. Selbstkritische Kontrolle des eigenen Verhaltens mit dem Ziel der „Steigerung der eigenen Führungsfähigkeit" kennen

Durch falsches Führungsverhalten und auch einer zu geringen Information der Mitarbeiter werden gerade die Konflikte erzeugt, die sich negativ auf die Qualitätsförderlichkeit auswirken. Daher ist es für eine Führungskraft wichtig, eigenes Verhalten und dessen Wirkung auf andere zu kennen, kritisch zu hinterfragen und die Führungsfähigkeit weiterzuentwickeln.

8. Strategien kennen, die den motivatorischen Mehraufwand bezüglich der Qualität positiv beeinflussen können

### 6.6 Folgerungen für die qualitätswirksamen arbeitswissenschaftlichen Gestaltungsmaßnahmen

Anhand der exemplarischen Gestaltung der Prüfarbeitsplätze werden unter der Prämisse der eingeschränkten Aussagefähigkeit des ERMs „Qualität" die folgenden Erkenntnisse deutlich: Unter der Voraussetzung, daß die zu gestaltenden arbeitswissenschaftlichen Gestaltungsgegenstände qualitätswirksam sind, kann festgestellt werden,

- daß arbeitswissenschaftliche Gestaltungsmaßnahmen, sofern sie ganzheitlich erfolgen, qualitätsförderlich sind, und

- daß das arbeitswissenschaftliche Zielsystem mit dem Ziel der Qualitätsförderlichkeit korreliert.

Dies wird erkennbar durch die qualitätsförderliche Veränderung der qualitätswirksamen Entitäten, die der arbeitswissenschaftliche Gestaltungsprozeß positiv beeinflußt.

Wird nun eine arbeitswissenschaftliche Gestaltung mit dem Ziel der Qualitätsförderlichkeit durchgeführt, so muß das Ursachen-Wirkungsgefüge qualitätswirksamer Gestaltungsaspekte aufgestellt bzw. berücksichtigt werden, d.h. hier muß zunächst die Qualitätswirksamkeit dieser Aspekte herausgefunden werden.

Im Sinne einer möglichen Berücksichtigung derartiger Gestaltungsaspekte bei zukünftigen Gestaltungen werden sechs arbeitswissenschaftliche Gestaltungsbereiche, deren Gestaltung sich auch qualitätsfördernd auswirkt, in Kapitel 7 abgeleitet.

# 7 Arbeitswissenschaftliche Einflußfaktoren

Das in Kapitel 5 entwickelte Wirksystem qualitätswirksamer Einflußgrößen sowie die in Kapitel 6 dargestellte exemplarische Gestaltung beschreiben detailliert die qualitätswirksamen Einflußfaktoren und exemplarisch ihre Anwendung. Im folgenden werden die arbeitswissenschaftlichen Gestaltungsgegenstände, die sich in dieser Untersuchung als qualitätswirksam herausgestellt haben, in übertragbarer Form dargestellt. Deshalb wird (wie in Kapitel 5.6 verdeutlicht) auf die weitestgehend organisationsunabhängigen Entitäten des ERM „Qualität" aufgebaut (vgl. hierzu Abbildung 4.1 Teil „D" und „E").

Als Grundlage hierzu werden die empirisch erhobenen Daten, die auch dem ERM „Qualität" zugrundeliegen, verwendet (vgl. hierzu Abbildung 5.3). Die Zuordnungen der Schwachstellen zu den Ursachen, die im ERM „Qualität" in Anlehnung an die formale Beschreibungssymbolik des erweiterten Entity-Relationship-Modells von ZEHNDER (1989, S. 51) durchgeführt wurde, werden zur Durchführung einer Faktorenanalyse durch eine Matrix abgebildet (Diese Matrix befindet sich im Anhang 10.5).

Hierbei werden die jeweiligen Zuordnungen formal mit einem Korrelationskoeffizienten von 1 beschrieben, indem ein derartiger korrelativer Zusammenhang angenommen wird, da hier nicht die Quantifizierung der Merkmale, sondern lediglich ihre Zuordnung an sich berücksichtigt werden soll. Die so entstandene Matrix mit den arbeitswissenschaftlich relevanten qualitätswirksamen Ursachen und Schwachstellen wird als Korrelationsmatrix für die Faktorenanalyse verwendet. Eine kurze Beschreibung der verwendeten Faktorenanlyse befindet sich im Anhang 10.3.

Tabelle 7.1 führt die übertragbaren qualitätswirksamen Schwachstellen und Ursachen (Entitäten) auf, die als Datenbasis der Faktorenanalyse zugrunde gelegt werden.

| | |
|---|---|
| Allgemeine Mitarbeitermotivation | (U14/SS19) |
| Behindernde Arbeitsplatzökologie | (U21) |
| Entscheidungsunsicherheit | (SS20) |
| Ermüdung | (U22/SS22) |
| Fehlende Angaben | (SS3) |
| Fehlende Definition der Qualitäts-Merkmale | (U28/SS9) |
| Fehlendes Wissen über Qualitätsdefinitionen | (U10) |
| Fehlendes Wissen um Zusammenhänge | (U17/SS16) |
| Funktion erkennen ist nicht möglich | (U26/SS13) |
| Informationsmangel auf org. Ebene | (U5) |
| Keine Mitarbeiterbeteiligung | (U18) |
| Keine systematische Qualitäts - Kontrolle | (SS12) |
| Kommunikationsdefizite | (U8/SS7) |
| Konflikte | (U27) |
| Monotonie | U23/SS23) |
| Motivation zum Qualitätsmehraufwand | (SS8) |
| Nachlässigkeit | (U6/SS21) |
| Organisationsmängel | (U11) |
| Personalqualifikationsdefizite | (SS2) |
| Persönliche Qualifikation | (U7) |
| Psychische Überforderung | (U2/SS18) |
| Schlechte Betreuung der Mitarbeiter | (U24/SS5) |
| Schlechte Betriebs- und Prüfmittel | (U25) |
| Schlechte Meßmittelausstattung | (U15/SS6) |
| Terminplanungsprobleme | (U3) |
| Ungeeignete Maschinen | (U4/SS11) |
| Unzureichende Ergonomie der Betriebsmittel | (U20) |
| Unzureichendes Feedback zum Verursacher | (U29/SS10) |
| Unzureichendes Qualitätsbewußtsein | (U13) |
| Verantwortungsdruck | (U19) |
| Weiterbildungsdefizite | (U9) |
| Zeitdruck | (U1/SS1) |

Tab. 7.1: Qualitätswirksame Schwachstellen und Ursachen im arbeitswissenschaftlichen Gestaltungsraum. Die in Spalte 2 dargestellte Kennzeichnung bezieht sich auf die Identifikation der Entitäten in Abbildung 5.12

Mit Hilfe der durchgeführten Faktorenanalyse wurden die in Tabelle 7.1 aufgeführten Entitäten zu Faktoren zusammengefaßt (Tabelle 7.2).

| Faktor 1 | Informationsmangel auf org. Ebene (U5) (0,712)<br>Unzureichendes Feedback zum Verursacher (U29/SS10) (0,988) |
|---|---|
| Faktor 2 | Ermüdung (U22/SS22) (0,909)<br>Ungeeignete Maschinen (U4/SS11) (0,992)<br>Unzureichende Ergonomie der Betriebsmittel (U20) (0,971) |
| Faktor 3 | Schlechte Betriebs- und Prüfmittel (U25) (0,885)<br>Schlechte Meßmittelausstattung (U15/SS6) (0,983) |
| Faktor 4 | Entscheidungsunsicherheit (SS20) (0,996)<br>Persönliche Qualifikation (U7) (0,875)<br>Schlechte Betreuung der Mitarbeiter (U24/SS5) (0,929) |
| Faktor 5 | Allgemeine Mitarbeitermotivation (U14/SS19) (0,794)<br>Konflikte (U27) (0,994) |
| Faktor 6 | Terminplanungsprobleme (U3) (0,856)<br>Zeitdruck (U1/SS1) (0,944) |
| Faktor 7 | Kommunikationsdefizite (U8/SS7) (0,911)<br>Organisationsmängel (U11) (0,801) |
| Faktor 8 | Fehlendes Wissen um Zusammenhänge (U17/SS16) (0,998)<br>Keine Mitarbeiterbeteiligung (U18) (0,884) |
| Faktor 9 | Fehlende Angaben (SS3) (0,997)<br>Nachlässigkeit (U6/SS21) (0,964) |
| Faktor 10 | Fehlende Definition der Qualitäts-Merkmale (U28/SS9) (0,911)<br>Personalqualifikationsdefizite (SS2) (0,998)<br>Weiterbildungsdefizite (U9) (0,998) |
| Faktor 11 | Fehlendes Wissen über Qualitätsdefinitionen (U10) (0,764)<br>Keine systematische Qualitäts - Kontrolle (SS12) (0,996)<br>Unzureichendes Qualitätsbewußtsein (U13) (0,687) |
| Faktor 12 | Behindernde Arbeitsplatzökologie (U21) (0,877) |
| Faktor 13 | Monotonie (U23/SS23) (0,996)<br>Organisationsmängel (U11) (0,628) |
| Faktor 14 | Psychische Überforderung (U2/SS18) (0,829)<br>Verantwortungsdruck (U19) (0,981) |
| Faktor 15 | Motivation zum Qualitätsmehraufwand (SS8) (0,999)<br>Funktion erkennen ist nicht möglich (U26/SS13) (0,767) |

Tab. 7.2: Ergebnisse der Faktorenanalyse (Die Faktorwerte sind jeweils in Klammern hinter den Entitäten aufgeführt)

Unter Berücksichtigung der Wirkungsbeziehungen der Schwachstellen-
Ursachen-Zuordnungen können hieraus die in Tabelle 7.3 aufgeführten
qualitätswirksamen Gestaltungsgegenstände des arbeitswissenschaftlichen
Gestaltungsraumes beschrieben werden. Sie werden aus den jeweils den
Faktoren zugeordneten Entitäten interpretiert.

Es ist darüber hinaus zu erkennen, daß die Faktoren jeweils die Gestaltungsbereiche repräsentieren, die bestimmten in Kapitel 3 dargestellten personenzentrierten Struktur- und Verlaufsebenen des Arbeitsprozesses entsprechen
(vgl. Abbildung 3.1). Die jeweilige Ebenenzuordnung ist in Klammern
hinter den qualitätswirksamen Gestaltungsgegenständen des arbeitswissenschaftlichen Gestaltungsraumes angegeben.

| Faktoren: | Gestaltungsbereiche: |
|---|---|
| 2, 3 und 12 | Arbeitsplatzbedingungen im arbeitswissenschaftlichen Sinne, beispielsweise Ergonomie des Betriebsmittels und des Arbeitsplatzes (2., 3. Ebene) |
| 1, 5, 7, 8, 13 und 15 | Arbeitsinhalt (persönlichkeitsfördernde, anspruchsvolle Arbeitsaufgaben, etc.) und arbeitsorganisatorische Rahmenbedingungen (4., 5. Ebene) |
| 4, 10 und 11 | Qualifikatorische Aspekte (4. Ebene) |
| 6, 9 und 14 | Psychische Beanspruchung des Menschen (1., 2. Ebene) |

Tab. 7.3:   Qualitätswirksame Gestaltungbereiche der Arbeitswissenschaft

Die zusammenfassende Darstellung der Gestaltungsgegenstände belegt, daß
weite Bereiche der Arbeitswissenschaft qualitätswirksam sind, was
gleichzeitig die hohe Relevanz der Arbeitswissenschaft für die Konzeption
qualitätsförderlicher Maßnahmen dokumentiert.

# 8    Zusammenfassung

Aus der Analyse der inhaltlichen Themenbereiche der aktuellen Forschungskonzeption der Arbeitswissenschaft sind qualitätswirksame Gestaltungsbereiche nicht direkt entnehmbar. Daher werden in der vorliegenden Arbeit mögliche qualitätswirksame Gestaltungsfaktoren empirisch erhoben. Der Schwerpunkt wird hierbei auf die Fehlleistungen des Menschen bei Informationsaufnahme- und -verarbeitungsoperationen gelegt.

Es werden qualitätsrelevante komplexe Ursachen-Wirkungsbeziehungen durch ein Erhebungsverfahren ermittelt und in qualitätswirksame Gestaltungsfaktoren abgebildet. Zur formalen Beschreibung der Ursachen-Wirkungsbeziehungen wird ein Entity-Relationship-Modell verwendet, das die Wirkungsbeziehungen im arbeitswissenschaftlichen Gegenstandsbereich abbildet.

Dieses Entity-Relationship-Modell - hier als ERM „Qualität" bezeichnet - dient als Grundlage zur exemplarischen Überprüfung der Qualitätsförderlichkeit arbeitswissenschaftlicher Gestaltungsmaßnahmen.

Hierzu werden zwei Prüfarbeitsplätze ergonomisch gestaltet, wobei zur besseren Fehlererkennbarkeit zwei physikalisch-technische Verfahren entwickelt werden, die den Fehlerkontrast erhöhen und die Beanspruchungen des optischen Informationskanals der Prüfpersonen verringern.

Mit Hilfe des ERM „Qualität" wird diese Maßnahme bezüglich ihrer Qualitätsförderlichkeit überprüft. Es stellt sich heraus, daß letztlich eine ganzheitliche arbeitswissenschaftliche Gestaltungsmaßnahme die erwünschte qualitätsfördernde Wirkung besitzt. Die hierzu erforderlichen arbeitsorganisatorischen und qualifikatorischen Gestaltungsmaßnahmen werden anschließend exemplarisch entwickelt und dargestellt.

Aus den Ergebnissen der Erhebung werden schließlich mittels einer Faktorenanalyse 15 Faktoren ermittelt, die zusammengefaßt vier qualitätswirksamen Gestaltungsbereiche der Arbeitswissenschaft beschreiben.

# 9    Literaturverzeichnis


ANTONI, C.;  
BUNGARD, W.:  
Beanspruchung und Belastung.  
In: Enzyklopädie der Psychologie. Band 3:  
Organisationspsychologie.  
Hrsg.: E. Roth.  
Göttingen 1989.

BAMBERG, G.;  
BAUR, F.:  
Statistik.  
2. Auflage  
Oldenburg 1982.

BECKER, D.:  
Analyse der Delphi-Methode und Ansätze zu  
ihrer optimalen Gestaltung.  
Frankfurt 1974.

BENZ, C.;  
LEIBZIG, J.;  
ROLL, K.-F.:  
Gestalten der Sehbedingungen am Arbeitsplatz.  
In: Praxis der Ergonomie.  
Hrsg.: W. Lange, W. Doerken.  
Köln 1983.

BÖCKER, W.:  
Künstliche Beleuchtung.  
Frankfurt, New York 1981.

BORTZ, J.:  
Statistik für Sozialwissenschaftler.  
Berlin, Heidelberg, Tokyo 1985.

BRUNNER, F. J.:  
Die Taguchi-Optimierungsmethoden.  
In: Qualität und Zuverlässigkeit, 34 (1989) Heft 7.  
München 1989, S. 339-344.

BUBB,H.R.;  
SCHMIDTKE, H.:  
Physiologische und psychologische Grenzen  
menschlichen Leistungsvermögens.  
In: Handbuch der Qualitätssicherung.  
Hrsg.: W. Masing.  
München, Wien 1988, S. 725-749.

CODD, E.F.:

A relational Model for Large Shared Data Banks.
In: Comm. ACM, Vol. 13, No. 6.
1970, S. 377-387.

CRAWFORD, F.S.:

Berkeley Physik Kurs.
Band 3: Schwingungen und Wellen.
Braunschweig, 1974.

CROSBY, P. B.:

Quality without tears.
New York, 1984.

DIN 55350 TEIL 11:

Begriffe der Qualitätssicherung und Statistik.
Mai 1987.

FREHR, H.-U:

Unternehmensweite Qualitätsverbesserung.
In: Handbuch der Qualitätssicherung.
Hrsg.: W. Masing.
München, Wien 1988.

FRIELING, E.;
HOYOS, S.G.:

Fragebogen zur Arbeitsanalyse (FAA).
Deutsche Bearbeitung des "Position Analysis
Questionnaire".
Bern 1978.

GAST, O.:

Analyse und Grobprojektierung von Logistik-
Informationssystemen.
In: Forschung für die Praxis, Band 5.
Hrsg.: R. Hackstein.
Berlin 1985.
(Forschungsinstitut für Rationalisierung/Lehr-
stuhl und Institut für Arbeitswissenschaft -
FIR/IAW - Aachen)

HACKER, W.:

Allgemeine Arbeits- und Ingenieurpsychologie.
Psychische Struktur und Regulation von
Arbeitstätigkeiten, 3. Auflage.
Berlin (Ost) 1980.

HACKER, W.:          Arbeitspsychologie.
                     Psychische Regulation von Arbeitstätigkeiten.
                     Berlin 1986.

HACKSTEIN, R.:       Arbeitswissenschaft im Umriss - Band 2.
                     Grundlagen und Anwendung.
                     Essen 1977.
                     (Forschungsinstitut für Rationalisierung/Lehr-
                     stuhl und Institut für Arbeitswissenschaft -
                     FIR/IAW - Aachen)

HACKSTEIN, R.:       Einführung in die technische Ablauforgani-
                     sation.
                     (REFA, Verb. für Arbeitsstudien u. Betriebsorga-
                     nisation e.V., Darmstadt), 2. überarbeitete
                     Auflage.
                     München-Wien 1988.
                     (Forschungsinstitut für Rationalisierung/Lehr-
                     stuhl und Institut für Arbeitswissenschaft -
                     FIR/IAW - Aachen)

HACKSTEIN, R.;       CIM-College.
HEEG, F.-J.;         Aachen 1988.
HORNUNG, V.:         (Lehrstuhl und Institut für Arbeitswissenschaft -
                     IAW - Aachen)

HACKSTEIN, R.:       nicht veröffentlichtes Arbeitspapier, ohne Titel.
                     Aachen 1990. (= 1990a)
                     (Lehrstuhl und Institut für Arbeitswissenschaft -
                     IAW - Aachen)

HACKSTEIN, R.:       Personalstrategien für die neunziger Jahre:
                     Anforderungen und Potentiale.
                     In: Gablers Magazin,
                     1990, Nr. 2, S. 22-27. (= 1990b)
                     (Forschungsinstitut für Rationalisierung/Lehr-
                     stuhl und Institut für Arbeitswissenschaft -
                     FIR/IAW - Aachen)

HACKSTEIN, R.;      Arbeitswissenschaft.
HEEG, F.J. :        In: Handwörterbuch des Personalwesens.
                    Hrsg.: E. Gaugler; W. Weber.
                    Stuttgart 1991.
                    (Forschungsinstitut für Rationalisierung/Lehr-
                    stuhl und Institut für Arbeitswissenschaft -
                    FIR/IAW - Aachen)

HARTMANN, E.:       Beleuchtung und Sehen am Arbeitsplatz.
                    München 1970.

HARTMANN, E.:       Beleuchtung.
                    In: Lehrbuch der Ergonomie.
                    Hrsg.: H. Schmidtke.
                    München, Wien 1981.

HEEG, F.-J.:        Qualitätszirkel und andere Gruppenaktivitäten.
                    Einsatz in der betrieblichen Praxis und
                    Anwendung.
                    Heidelberg, New York, Tokyo 1985.
                    (Lehrstuhl und Institut für Arbeitswissenschaft -
                    IAW - Aachen)

HEEG , F.J.:        Empirische Software-Ergonomie - zur Gestaltung
                    benutzergerechter Mensch-Computer-Dialog.
                    Berlin, Heidelberg 1988. (= 1988a)
                    (Lehrstuhl und Institut für Arbeitswissenschaft -
                    IAW - Aachen)

HEEG, F.J.:         Moderne Arbeitsorganisation: Grundlagen der
                    organisatorischen Gestaltung von Arbeits-
                    systemen beim Einsatz neuer Technologien.
                    Darmstadt 1988. (= 1988b)
                    (Lehrstuhl und Institut für Arbeitswissenschaft -
                    IAW - Aachen)

HEEG, F.J.;　　　　　Ergonomische Gestaltung handgeführter
KLEINE, G.;　　　　　Elektrowärmewerkzeuge.
BAHSIER, G.:　　　　Schriftenreihe der Bundesanstalt für Arbeits-
　　　　　　　　　　schutz - Forschung - Fb 599.
　　　　　　　　　　Dortmund 1989.
　　　　　　　　　　(Lehrstuhl und Institut für Arbeitswissenschaft -
　　　　　　　　　　IAW - Aachen)


HENNING, K.;　　　　Inhalte menschlicher Arbeit in automatisierten
MARKS, S.:　　　　　Anlagen.
　　　　　　　　　　In: Arbeitsorganisation und Neue Technologien.
　　　　　　　　　　Hrsg.: R. Hackstein, F.J. Heeg, F. von Below.
　　　　　　　　　　Berlin, Heidelberg, New York, Paris, London,
　　　　　　　　　　Tokyo 1986, S. 215 -244.
　　　　　　　　　　(Forschungungsinstitut für Rationalisierung
　　　　　　　　　　/Lehrstuhl und Institut für Arbeitswissenschaft -
　　　　　　　　　　FIR/IAW - Aachen).


HORNUNG, V.:　　　　Ein arbeitswissenschaftlich begründetes Verfah-
　　　　　　　　　　ren zur Gestaltung technisch - betriebsorganisato-
　　　　　　　　　　rischer Software für Unternehmen des
　　　　　　　　　　Maschinenbaus.
　　　　　　　　　　Dissertation RWTH Aachen 1990.
　　　　　　　　　　(Lehrstuhl und Institut für Arbeitswissenschaft-
　　　　　　　　　　IAW - Aachen).


JURAN, J. M.:　　　　Comments on Quality cost Optimum Model.
　　　　　　　　　　Letter to the Editor Quality Progeress, ASQC,
　　　　　　　　　　April 1987.


KAMINSKI, G.:　　　Überlegungen zur Funktion von
　　　　　　　　　　Handlungstheorien in der Psychologie.
　　　　　　　　　　In: Handlungstheorien interdisziplinär.
　　　　　　　　　　Band 3/1.
　　　　　　　　　　Hrsg.: H. Lenk.
　　　　　　　　　　München 1981.

KIRCHNER, K.-H.:    Belastungen und Beanspruchungen - Einige
begriffliche Klärungen zum Belastungs-
Beanspruchungs-Konzept.
In: Zeitschrift für Arbeitswissenschaft,
40(12NF). 1986, S. 69-73.

KIRSTEIN, H.:    Deming in Deutschland.
In: Qualität und Zuverlässigkeit, 34 (1989) Heft 9.
München 1989, S. 487-491

KIRSTEIN, H.:    Ständige Verbesserung als Schlüssel für
Produktivität durch Qualität.
In: Qualität und Zuverlässigkeit, 33 (1988) Heft 12.
München 1988, S. 677-683.

KLEBERT, K.;    ModerationsMethode - Gestaltung der Meinungs-
SCHRADER, E.;    und Willensbildung in Gruppen, die
STRAUB, W.:    miteinander lernen und leben, arbeiten und
spielen.
Rimsting am Chiemsee, 1985.

KLEINE, G.:    Messung der Problemlösefähigkeiten durch
Simulationsmodelle.
In: Simulationstechnik - 5. Symposium
Simulationstechnik Aachen, 28.-30. September
1988 - Proceedings.
Hrsg.: W. Ameling
Berlin 1988. S. 525-535
(Lehrstuhl und Institut für Arbeitswissenschaft -
IAW - Aachen)

KLEINE, G.:

Auswertungsmethode und Ergebnisse zu einer qualitätsrelevanten Befragung in einem Großunternehmen.
Unveröffentlichte Arbeitsunterlage (Einsehbar in der Bibliothek des Forschungsinstituts für Rationalisierung an der RWTH Aachen)
Aachen 1990.
(Lehrstuhl und Institut für Arbeitswissenschaft - IAW)

LEWIN, K.:

Feldtheorie in den Sozialwissenschaften.
Bern 1963.

LINDSAY, P. H.;
NORMAN, A.D.:

Human Information Porcessing.
An Introduction to Psychology.
New York, London: Academic Press 1972.

LUCZAK ,H.;
VOLPERT,W.;
RAEITHEL A.;
SCHWIER, W.:

Arbeitswissenschaft: Kerndefinition - Gegenstandskatalog - Forschungsgebiete.
Köln 1989.

MEFFERT, H.:

Informationssysteme.
Grundbegriffe der EDV und Systemanalyse.
Düsseldorf 1975.

METHNER, HORST:

Aus und Weiterbildung.
In: Handbuch der Qualitätssicherung
Hrsg.: W. Masing.
München, 1988.

MILLER,G.H.;
GALANTER, E.;
PIBRAM, K.H.:

Strategien des Handelns.
Weinsberg 1973.

MOLDASCHL, M.;
WEBER, W. :

Prospektive Arbeitsplatzbewertung an flexiblen Fertigungssystemen.
Berlin 1986.

PFEIFER, T.;    Konzepte zur Produkt- und Prozeßoptimierung.
GIMPEL, B.,    In: Qualität und Zuverlässigkeit, 34 (1989) Heft 9.
        München 1989, S. 495-496.

ROHMERT, W.;   Das arbeitswissenschaftliche Erhebungsverfahren
LANDAU, K.:    zur Tätigkeitsanalyse (AET).
        Handbuch.
        Bern 1978.

SCHMIDTKE, H.;   Sehanforderungen bei der Arbeit,
SCHOBER, H.:    Stuttgart 1967.

SCHMIDTKE, H.:   Untersuchung über die Abhängigkeit der
        Bewegungsgenauigkeit im Raum von der
        Körperstellung.
        Forschungsbericht des Landes Nordrhein-
        Westfalen. Nr. 941.
        Düsseldorf 1961.

SCHOBER, H.:    Das Sehen.
        Band I.
        Leipzig 1960.

SCHOBER, H :    Das Sehen.
        Band II, 3. Auflage.
        Leipzig 1964.

STAAL, R.:     Qualitätsorientierte Unternehmensführung.
        Strategie und operative Umsetzung.
        Düsseldorf 1990.

STEFANI, A.;    Praxis der Arbeitsplatzuntersuchung.
LÖDIGE F.J.:    München 1978.

STEINBUCH, P.A.:  Organisation.
        Ludwigshafen 1977.

ULICH, E.:     Arbeitswechsel und Aufgabenerweiterung.
        In: REFA-Nachrichten,
        25(1972)4, S. 265 - 275.

ULICH, E.:                     Über das Prinzip der differentiellen Arbeits-
                               gestaltung.
                               In: Management-Zeitschrift io 47 (1978) 12, S. 566-
                               568.

ULICH, E.:                     Subjektive Tätigkeitsananlyse als Voraussetzung
                               autonomieorientierter Arbeitsgestaltung.
                               In: Schriften zur Arbeitspsychologie, Band 31.
                               Bern 1981, S. 327-348.

VOLPERT, W.;                   Verfahren zur Ermittlung von Regulations-
OESTERREICH, R.;               erfordernissen in der Arbeitstätigkeit (VERA).
GABLENZ-                       Analyse von Planungs- und Denkprozessen in
KOLAKOVIC;                     der industriellen Produktion.
KROGOLL;                       Köln 1983.
RESCH:

VOLPERT, W.:                   Das Modell der hierachisch-sequentiellen
                               Handlungsorganisation.
                               In: Kognitive und motivationale Aspekte der
                               Handlung.
                               Hrsg.: W. Hacker, W. Volpert, M. v. Cranach.
                               Bern 1983.

ZÄSCHKE, J.:                   Qualitätsbewertung.
                               In: Handbuch der Qualitätssicherung.
                               Hrsg.: W. Masing.
                               München, Wien 1988.

ZEHNDER, C.A.: I               Informationssysteme und Datenbanken.
                               5. Aufl.
                               Stuttgart 1989.

ZINK, K. J. :                  Quality Circles - noch ein Thema?.
                               In: Personalführung,
                               Düsseldorf 1990, Nr.3.

# 10 Anhang

## 10.1 Zuordnung der Oberbegriffe zu den Schwachstellen aus den Sitzungen mittels Moderationsmethode

| Schwachstellenoberbegriff | Schwachstelle |
| --- | --- |
| Zeitdruck | Fertigung "immer" unter Zeitdruck |
| | Termindruck |
| Personalqualifikationsdefizite | Qualifikation des Personals |
| | Qualifikation des Bedienerpersonals |
| | Mitarbeiterqualifikation |
| | Vorgesetzte kennen die Verwendung von Teilen nicht genügend |
| | Bemaßumg (Angstmaße) |
| | Text nicht kontrollfähig formuliert |
| | gestrahlte Rohrleitungen aus Fe gleich weiterverarbeiten |
| Fehlende Angaben | Zeichnungen und Spezifikationen nicht eindeutig |
| | Konstruktionszeichnung nicht optimal |
| | Angaben auf Zeichnungen und Bestellungen nicht ausführlich |
| | Art und Umfang der Prüfung fehlen in Bestellung |
| | Zeichnungen (sollten) mit Montagehinweisen (sein) |
| | keine werkstatt-/fertigungsgerechten Zeichnungen und Angaben |
| | Text nicht kontrollfähig formuliert: fehlende Angaben |
| | Angaben fehlen (Arbeitsgang) |

| | Funktionsmaße nicht gekennzeichnet |
| --- | --- |
| **Unsachgemäße Behandlung beim Transport** | unsachgemäße Behandlung beim Transport |
| | Teile beschädigt |
| | Teile nach Transport verdreckt |
| **Schlechte Betreuung der Mitarbeiter** | schlechte Betreuung der Mitarbeiter durch Vorgesetzte |
| | keine Mitarbeiterbetreuung |
| **Schlechte Meßmittel** | ungeeignete oder keine Prüfmittel |
| | schlechte Meßmittelausstattung |
| | veraltete Meßmittel |
| **Kommunikationsdefizite** | Info-Fluß |
| | Personal nicht mit den Qualitäts-anforderungen vertraut (Infomangel) |
| | Unterweisung des Lieferanten |
| | Info-Fluß Kunde-Unternehmen-Unterlieferant |
| **Motivation zum Qualitätsmehraufwand** | nachlässige Maschinenwartung |
| | zu wenig Motivation |
| | Mitarbeiter kümmern sich zu wenig um Qualität |
| **Fehlende Definition der Qualitäts-Merkmale** | kein eindeutiger Qualitäts-Standard fixiert; persönliche Interpretation |
| | Qualitätssicherungs-Handbuch; Fehlen der Qualitätsrichtlinien |
| | keine Qualitäts-Planung |
| | Definition der Qualität und Kriterien zur Qualitätsbeurteilung fehlen |
| | keine Definition der Qualität in der Spezifikation |
| | Qualität nicht eindeutig definiert |
| | Qualitätsanforderungen sind nicht genügend formuliert |

| | |
|---|---|
| | unterschiedliche Qualitäts- anforderungen an gleiche Teile bei int. und exte. Fertigung |
| | Bei Sonderanlagen ist Qualität nicht mit Checkliste und geringem Aufwand beschreibbar |
| | Qualitätsanforderung zu hoch |
| | Keine einheitlichen Spezifikationen |
| **Unzureichendes Feedback zum Verursacher** | rechtzeitiges Erkennen bei Nichterfüllung |
| | Feed-back zum Verursacher fehlt |
| **Ungeeignete Maschinen** | ungeeigneter Maschinenpark |
| | Maschine verursacht Maßfehler |
| | nicht optimaler Maschinenpark |
| | fehlende oder ungenügende Transportmittel |
| **Keine systematische Qualitäts - Kontrolle** | keine systematische Qualitätskontrolle |
| | geforderte Qualität soll besser kontrolliert werden |
| | Fertigungsüberwachung / Eigenkontrolle |
| | Individueller Qualitätsmaßstab einzelner Prüfer |
| | Prüf- und Abnahmekriterien fehlen |
| | zu wenige Kontrollen am Arbeitsplatz |
| | schlecht geschultes Kontrollpersonal |
| | Kontrolle d. Übertragung & Einhaltung der Qualitätsforderung |
| **Funktion erkennen ist nicht möglich** | Fertigung von Großbauteilen nach Zeichnung ohne Funktionszusammenhang |
| | Funktion des Bauteils nicht erkennbar |
| | Funktion erkennen ist nicht möglich |
| | Angstmaße, weil keine Ahnung von der Funktion |

| | |
|---|---|
| **Schlechte Verpackung** | Verpackung |
| | Verpackungsmängel zerstören Bauteil |
| | schlechte Verpackung |
| **Fehlendes Wissen um Zusammenhänge** | zu hohe Qualitätsanforderungen für die Funktionserfüllung |
| | Konstruktion arbeitet nicht qualitätssicherungsgerecht |
| | fehlende Kenntnisse bezgl. Machbarkeit |
| | fehlende Information über die Funktion des Werkstücks |
| | fehlendes Wissen wie gefertigt wird |
| | fehlendes Wissen um Zusammenhänge |
| **Allgemeine Mitarbeitermotivation** | saubere Montageräume fehlen |
| | Mitarbeitermotivation |
| | zu wenig Motivation |

## 10.2 Erhebungsbogen

### *I. Arbeitsorganisation und Arbeitsinhalt*

1. Halten Sie Ihre **körperliche Belastung** für

      sehr hoch     eher hoch     normal     eher gering     sehr gering?

2. Fehlt es Ihnen häufig an **Entspannung oder Erholung** während der Arbeitszeit?

   Ja ☐     Nein ☐

3. Erfordert Ihre Tätigkeit eine **hohe Aufmerksamkeit und Konzentration?**

      ständig     oft     hin und wieder     selten     nie

4. Gibt es während Ihrer Arbeitszeit häufiger **Störungen / Unterbrechungen**

4.1 wegen
technischer Klärungen

      ständig     oft     hin und wieder     selten     nie

4.2 defekter Maschine

      ständig     oft     hin und wieder     selten     nie

4.3 weil
Material fehlt

      ständig     oft     hin und wieder     selten     nie

4.4 Werkzeug fehlt/defekt

      ständig     oft     hin und wieder     selten     nie

4.5 Prüfmittel fehlen

      ständig     oft     hin und wieder     selten     nie

4.6 Vorrichtung fehlt?

      ständig     oft     hin und wieder     selten     nie

5.  Fühlen Sie sich einem hohen **Verantwortungsdruck** ausgesetzt?

Ja ☐     Nein ☐

6.  Wie schwierig ist es für Sie, an Ihrem Arbeitsplatz **Qualität zu produzieren?**

☐              ☐              ☐              ☐              ☐
sehr schwierig    schwierig        mittel          leicht        sehr leicht

7  Ist die bei Ihnen anfallende **Arbeitsmenge** Ihrer Meinung nach für Sie selbst

☐              ☐              ☐              ☐              ☐
zu hoch        eher hoch         o.k.         eher gering       gering?

8.  Stehen Sie des öfteren unter **Zeitdruck/Termindruck?**

☐              ☐              ☐              ☐              ☐
ständig          oft        hin und wieder      selten           nie

9.  Haben Sie einen direkten **"Draht" zur Konstruktion?**  Ja ☐     Nein ☐

10.  Wen befragen Sie bei **Unklarheiten?**

|           |                | immer | hin und wieder | nie |
|-----------|----------------|-------|----------------|-----|
| 10.1      | den Meister    | ☐     | ☐              | ☐   |
| 10.2      | den Kollegen   | ☐     | ☐              | ☐   |
| 10.3      | den Konstrukteur | ☐   | ☐              | ☐   |
| 10.4      | andere__________ | ☐   | ☐              | ☐   |

11.  Gibt es häufiger **unklare, widersprüchliche Arbeitsaufträge** (z.B. Begleitpapiere, Konstruktionsunterlage)?     Ja ☐     Nein ☐

Wenn Ja, welcher Art? (Mehrere Angaben möglich!)

11.1  ☐ fehlende Angaben

11.2  ☐ schlecht lesbare Zeichnungen

11.3  ☐ falsche Angaben

11.4  ☐ widersprüchliche Informationen

11.5  ☐ _______________________________

12. Gibt es häufiger einen **Informationsmangel**?  Ja ☐  Nein ☐
Wenn Ja, welcher Art?

---

*II.  Arbeitsmittel/Arbeitsplatz*

13. Arbeitsbereich/Abteilung  _______________________

14. Arbeitsplatz (Maschine)  _______________________

15. Wie zufrieden sind Sie mit **Maschine, Werkzeugen, Prüfmitteln und anderen Hilfsmitteln**

im Hinblick auf

**Fertigungsgenauigkeit** von

15.1 Maschine

☐ sehr unzufrieden ☐ unzufrieden ☐ weder noch ☐ zufrieden ☐ sehr zufrieden

15.2 Werkzeugen

☐ sehr unzufrieden ☐ unzufrieden ☐ weder noch ☐ zufrieden ☐ sehr zufrieden

15.3 Prüfmitteln

☐ sehr unzufrieden ☐ unzufrieden ☐ weder noch ☐ zufrieden ☐ sehr zufrieden

15.4 anderen Hilfsmitteln

☐ sehr unzufrieden ☐ unzufrieden ☐ weder noch ☐ zufrieden ☐ sehr zufrieden

**Handhabbarkeit**

15.5 Maschine

☐ sehr unzufrieden ☐ unzufrieden ☐ weder noch ☐ zufrieden ☐ sehr zufrieden

15.6 Werkzeugen

☐ sehr unzufrieden ☐ unzufrieden ☐ weder noch ☐ zufrieden ☐ sehr zufrieden

15.7 Prüfmitteln

| □ | □ | □ | □ | □ |
|---|---|---|---|---|
| sehr unzufrieden | unzufrieden | weder noch | zufrieden | sehr zufrieden |

15.8 anderen Hilfsmitteln

| □ | □ | □ | □ | □ |
|---|---|---|---|---|
| sehr unzufrieden | unzufrieden | weder noch | zufrieden | sehr zufrieden |

...im Hinblick auf
**Schnelligkeit?**

15.9 Maschine

| □ | □ | □ | □ | □ |
|---|---|---|---|---|
| sehr unzufrieden | unzufrieden | weder noch | zufrieden | sehr zufrieden |

15.10 Werkzeugen

| □ | □ | □ | □ | □ |
|---|---|---|---|---|
| sehr unzufrieden | unzufrieden | weder noch | zufrieden | sehr zufrieden |

15.11 Prüfmitteln

| □ | □ | □ | □ | □ |
|---|---|---|---|---|
| sehr unzufrieden | unzufrieden | weder noch | zufrieden | sehr zufrieden |

15.12 anderen Hilfsmitteln

| □ | □ | □ | □ | □ |
|---|---|---|---|---|
| sehr unzufrieden | unzufrieden | weder noch | zufrieden | sehr zufrieden |

16. Haben Sie genügend **Platz** bei Ihrer Arbeit?

| □ | □ | □ | □ | □ |
|---|---|---|---|---|
| zu wenig | eher wenig | ausreichend | eher viel | sehr viel |

17. Wie beurteilen Sie die **Unfallgefahr** an Ihrem Arbeitsplatz?

| □ | □ | □ | □ | □ |
|---|---|---|---|---|
| sehr hoch | eher hoch | normal | eher gering | sehr gering? |

## *III. Arbeitsumgebung*

18. Halten Sie Ihren **Arbeitsplatz und -umgebung** für

| □ | □ |
|---|---|
| eher modern | eher veraltet? |

19. Beurteilen Sie Ihre Arbeitsumgebung (1=sehr zufrieden; 5=sehr unzufrieden) im Hinblick auf

19.1 Temperatur, Frischluft, Belüftung

| □ | □ | □ | □ | □ |
|---|---|---|---|---|
| sehr unzufrieden | unzufrieden | weder noch | zufrieden | sehr zufrieden |

19.1 Lärm

☐       ☐       ☐       ☐       ☐
sehr unzufrieden    unzufrieden    weder noch    zufrieden    sehr zufrieden

19.3 Schadstoffe

☐       ☐       ☐       ☐       ☐
sehr unzufrieden    unzufrieden    weder noch    zufrieden    sehr zufrieden

19.4 Beleuchtung

☐       ☐       ☐       ☐       ☐
sehr unzufrieden    unzufrieden    weder noch    zufrieden    sehr zufrieden

19.5 Allgemeine Sauberkeit

☐       ☐       ☐       ☐       ☐
sehr unzufrieden    unzufrieden    weder noch    zufrieden    sehr zufrieden

## IV. *Arbeitszeitorganisation*

20. Wie sind Sie mit der Einteilung der **Arbeitszeit** im Hinblick auf Anfang, Ende, Schicht und Pauseneinteilung zufrieden?

20.1 Anfang

☐       ☐       ☐       ☐       ☐
sehr unzufrieden    unzufrieden    weder noch    zufrieden    sehr zufrieden

20.2 Ende

☐       ☐       ☐       ☐       ☐
sehr unzufrieden    unzufrieden    weder noch    zufrieden    sehr zufrieden

20.3 Schicht

☐       ☐       ☐       ☐       ☐
sehr unzufrieden    unzufrieden    weder noch    zufrieden    sehr zufrieden

20.4 Pausen

☐       ☐       ☐       ☐       ☐
sehr unzufrieden    unzufrieden    weder noch    zufrieden    sehr zufrieden

## V. *Kooperation und soziale Beziehungen*

21. Fühlen Sie sich in eine **Arbeitsgruppe (Team)** eingebunden?

Ja ☐     Nein ☐

**22.** Wie ist Ihres Erachtens der **Konkurrenzdruck** unter den Kollegen?

☐ stark   ☐ eher stark   ☐ normal   ☐ eher gering   ☐ gering

**23.** Gibt es häufiger **Konflikte** mit Vorgesetzten oder Kollegen

**allgemein**
23.1 mit Vorgesetzten

☐ ständig   ☐ oft   ☐ hin und wieder   ☐ selten   ☐ nie

23.2 mit Kollegen

☐ ständig   ☐ oft   ☐ hin und wieder   ☐ selten   ☐ nie

bezüglich **Qualitätsherstellung?**
23.4 mit Vorgesetzten

☐ ständig   ☐ oft   ☐ hin und wieder   ☐ selten   ☐ nie

23.5 mit Kollegen

☐ ständig   ☐ oft   ☐ hin und wieder   ☐ selten   ☐ nie

Welcher Art?

_______________________________________________

_______________________________________________

**24.** Erhalten Sie für Ihre geleistete Arbeit

24.1 **Anerkennung** durch Vorgesetzte

☐ ständig   ☐ oft   ☐ hin und wieder   ☐ selten   ☐ nie

24.2 **Anerkennung** durch Kollegen

☐ ständig   ☐ oft   ☐ hin und wieder   ☐ selten   ☐ nie

24.3 **Unterstützung** von Vorgesetzten

☐ ständig   ☐ oft   ☐ hin und wieder   ☐ selten   ☐ nie

24.4 **Unterstützung** von Kollegen?

☐ ständig   ☐ oft   ☐ hin und wieder   ☐ selten   ☐ nie

25. Werden die eventuell von Ihnen eingebrachten **Verbesserungshinweise** berücksichtigt?

☐      ☐      ☐      ☐      ☐

  ständig        oft        hin und wieder    selten       nie

26. Verursacht die Arbeit (z.B. Schichtarbeit, Überstunden, etc.) bei Ihnen **private Probleme**

            Ja ☐      Nein ☐

*VI. Angaben zur Qualifikation*

27. Alter____ Jahre

28. Betriebszugehörigkeit:      (bei bis zu zwei Jahren)__________ Monate
                                 (bei mehr als zwei Jahren)__________ Jahre

29. Wie lange arbeiten Sie schon **an diesem** Arbeitsplatz? __________

30. An welchen Arbeitsplätzen haben Sie bereits gearbeitet?
(auch in anderen Unternehmen!)__________________________________________
________________________________________________________________________
________________________________________________________________________

31. Berufsausbildung ______________________________________

32. Art der Berufsausbildung

32.1    ☐    angelernt _____ Jahre _____ Monate

32.2    ☐    Lehrgänge, keine Lehre

32.3    ☐    fachfremde Lehre

32.4    ☐    Lehre

32.5    ☐    Lehre und Zusatzausbildung______________________________

## VII. Gesellschaftliche Rahmenbedingungen

33. Wie **sicher** fühlen Sie sich an Ihrem Arbeitsplatz (**nicht** Unfallsicherheit)?

| ☐ | ☐ | ☐ | ☐ | ☐ |
|---|---|---|---|---|
| sehr unsicher | unsicher | weder noch | sicher | sehr sicher |

34. Wie fanden Sie diesen Fragebogen?

gut ☐

zu lang ☐

oder ☐ ______________________________

# Ihre Ideen und Anregungen:

## 10.3  Verwendete statistische Verfahren

Bei der Auswertung des Erhebungsbogens wurde neben den Berechnungen der Mittelwerte und Standardabweichungen auch einen Kontingenztest durchgeführt.

Der Kontingenztest erfaßt den Zusammenhang zweier nominalskalierter Merkmale mit $k \geq 2$ Kategorien und beschreibt diesen Zusammenhang mit dem Kontingenzkoeffizienten $r_c$. Kontingenzkoeffizienten können nur bedingt in ihrem Wertebereich mit Korrelationskoeffizienten verglichen werden. Ihr Wertebereich umfaßt nur positive Koeffizienten, die auch bei maximaler Kontingenz unterhalb von 1 bleiben. Auch sind die Werte der Kontingenzkoeffizienten bei vergleichberer Aussagefähigkeit niedriger als die der Korrelationskoeffizienten (vergleiche BORTZ 1985, S. 497 - 500).

Beim Kontingenztest werden bezüglich der Grundgesamtheit G zwei Merkmale X und Y untersucht. Dabei wird die Frage betrachtet, ob die beiden Merkmale voneinander unabhängig oder abhängig sind. Mit Hilfe des $Chi^2$-Anpassungstests (BAMBERG, BAUR 1984, S. 131) wird die Hypothese $H_0$ („Die beiden Merkmale X und Y  sind in G voneinander unabhängig") auf einem vorgegebenen Signifikanzniveau $\alpha$ untersucht. Die Hypothese $H_0$ wird genau dann abgelehnt, wenn der Testfunktionswert im Verwerfungsbereich der $Chi^2$-Verteilung liegt.

Besteht eine Abhängigkeit zwischen den beiden Merkmalen X und Y, und ist die notwendige Stichprobenanzahl n erfüllt, dann liefert der Kontingenzkoeffizient $r_c$ den Grad des Zusammenhanges zwischen den Merkmalen X und Y.

Eine ausführliche Beschreibung des Kontingenztests und der entsprechenden ausgewerteten Daten sind bei KLEINE (1990) zu finden.

Bei großen Datenmengen, die aus vielen Merkmalen bestehen, ist es hilfreich, sie gemäß ihrer korrelativen Beziehungen in wenige voneinander unabhängige Merkmalsgruppen zu ordnen. Durch eine Faktorenanalyse können nun Merkmale gemäß ihrer korrelativen Beziehungen in voneinander unabhängige Gruppen klassifiziert werden (BORTZ 1985, S. 615f).

Um die Gestaltungsgegenstände der arbeitswissenschaftlichen Gestaltung für die Sicherung der Qualität zu beschreiben, wurde eine Faktorenanlyse durchgeführt. Hierbei wurde keine Eingangsmatrix der Rohwerte verwendet, sondern es wurde über die formal angenommenen korrelativen Beziehungen der Entitäten, die sich aus den Schwachstellen-Ursachen-Zuordnungen ergeben, die Korrelationsmatrix für die Faktorenanlyse gebildet. Die Korrelationsmatrix muß dabei so aufgebaut werden, daß sie diagonal-symmetrisch wird (LIENERT 1961, S. 494ff).

Die Faktorenanalyse ebenso wie die übrigen statistischen Auswertungen wurden rechnergestützt durchgeführt. Es wurde bei der Faktorenanlyse die Hauptkomponentenanalyse verwendet. Die genaue Beschreibung sowie die entsprechenden Datenmatrixen, Korrelationstabellen und Faktorladungen sind bei KLEINE (1990) dargestellt.

**10.4  Vollständige Auflistung der Schwachstellen-Ursachen-Beziehungen**

1.  Schlechte Meßmittel (U15 / SS6)
    1.1.  Fehlendes Wissen über Qualitätsdefinitionen (U10)
    1.2.  Organisationsmängel (U11)
    1.3.  Unzureichendes Qualitätsbewußtsein der Unternehmensleitung (U13)
    1.4.  Schlechte Betriebs- und Prüfmittel (U25)
    1.5.  Fehlende Definition der Qualitätsmerkmale (U28 / SS9)
        1.5.1.  Informationsmangel auf org. Ebene (U5)
        1.5.2.  Weiterbildungsdefizite (U9)
        1.5.3.  Fehlendes Wissen über Qualitätsdefinitionen (U10)
        1.5.4.  Organisationsmängel (U11)
        1.5.5.  Unzureichendes Qualitätsbewußtsein der Unternehmens leitung (U13)
2.  Motivation zum Qualitätsmehraufwand (SS8)
    2.1.  Informationsmangel auf org. Ebene (U5)
    2.2.  Persönliche Qualifikation (U7)
    2.3.  Kommunikationsdefizite (U8 / SS7)
        2.3.1.  Organisationsmängel (U11)
        2.3.2.  Konflikte (U27)
    2.4.  Weiterbildungsdefizite (U9)
    2.5.  Fehlendes Wissen über Qualitätsdefinitionen (U10)
    2.6.  Organisationsmängel (U11)
    2.7.  Unzureichendes Qualitätsbewußtsein der Unternehmensleitung (U13)
    2.8.  Allg. Mitarbeitermotivation (U14 / SS19)
        2.8.1.  fehlendes Wissen um Zusammenhänge (U17 / SS16)
            Kommunikationsdefizite (U8 / SS7)
            ... (siehe 2.3.)
            Weiterbildungsdefizite (U9)
            keine Mitarbeiterbeteiligung (U18)
            Unzureichendes Feed back zum Verursacher (U29 / SS10)
                Informationsmangel auf org. Ebene (U5)
                Kommunikationsdefizite (U8 / SS7)
                ... (siehe 2.3.)
            Fehlendes Wissen über Qualitätsdefinitionen (U10)
            Organisationsmängel (U11)
        2.8.2.  behindernde Arbeitsplatzökologie (U21)

2.8.3.  Monotonie (U23 / SS23)

    Organisationsmängel (U11)

2.8.4.  Schlechte Betreuung der Mitarbeiter (U24 / SS5)

    2.8.4.1. Zeitdruck (U1 / SS1)

    Terminplanungsprobleme (U3)

    Informationsmangel auf org. Ebene (U5)

    Organisationsmängel (U11)

    2.8.4.2. Persönliche Qualifikation (U7)

2.8.5.  Funktion erkennen nicht möglich (U26 / SS13)

    Kommunikationsdefizite (U8 / SS7)

    ... (siehe 2.3.)

    fehlendes Wissen um Zusammenhänge (U17 / SS16)

        Kommunikationsdefizite (U8 / SS7)

        ... (siehe 2.3.)

        Weiterbildungsdefizite (U9)

        keine Mitarbeiterbeteiligung (U18)

        Unzureichendes Feed back zum Verursacher (U29/SS10)

            Informationsmangel auf org. Ebene (U5)

            Kommunikationsdefizite (U8 / SS7)

            ... (siehe 2.3.)

            Fehlendes Wissen über Qualitätsdefinitionen (U10)

            Organisationsmängel (U11)

2.8.6.  Konflikte (U27)

2.9.  keine Mitarbeiterbeteiligung (U18)

2.10.  Ungeeigneter Maschinenpark (U4 / SS11)

    2.10.1.  Organisationsmängel (U11)

    2.10.2.  Unzureichendes Qualitätsbewußtsein der Unternehmens leitung (U13)

    2.10.3.  Unzureichende Ergonomie der Betriebsmittel (U20)

    2.10.4.  Schlechte Betriebs- und Prüfmittel (U25)

3.  Ungeeignete Maschinen (U4 / SS11)

    ... (siehe 2.10.)

4.  Keine systematische Qualitätskontrolle (SS12)

    4.1.  Organisationsmängel (U11)

    4.2.  Unzureichendes Qualitätsbewußtsein der Unternehmensleitung (U13)

5.  Schlechte Verpackung (SS14)

    5.1.  Informationsmangel auf org. Ebene (U5)

    5.2.  Kommunikationsdefizite (U8 / SS7)

        ... (siehe 2.3.)

5.3.  Unzureichendes Qualitätsbewußtsein der Unternehmensleitung (U13)

6.  Psychische Überforderung (U2 / SS18)

    6.1.  Zeitdruck (U1 / SS1)

        ... (siehe 2.8.4.1.)

    6.2.  Persönliche Qualifikation (U7)

    6.3.  Verantwortungsdruck (U19)

    6.4.  Unzureichende Ergonomie der Betriebsmittel (U20)

    6.5.  Ungeeignete Maschinen (U4 / SS11)

        ... (siehe 2.10.)

7.  Entscheidungsunsicherheit (SS20)

    7.1.  Schlechte Betreuung der Mitarbeiter (U24 / SS5)

        7.1.1.  Zeitdruck (U1 / SS1)

            ... (siehe 2.8.4.1.)

        7.1.2.  Persönliche Qualifikation (U7)

    7.2.  Persönliche Qualifikation (U7)

    7.3.  Fehlende Definition der Qualitätsmerkmale (U28 / SS9)

        ... (siehe 1.5.)

    7.4.  Schlechte Meßmittel (U15 / SS6)

        ... (siehe 1.)

8.  Nachlässigkeit (U6 / SS21)

    8.1.  Ermüdung (U22 / SS22)

        8.1.1.  Ungeeignete Maschinen (U4 / SS11)

            ... (siehe 2.10.)

        8.1.2.  Psychische Überforderung (U2 / SS18)

            Zeitdruck (U1 / SS1)

              ... (siehe 2.8.4.1.)

            Persönliche Qualifikation (U7)

            Verantwortungsdruck (U19)

            Unzureichende Ergonomie der Betriebsmittel (U20)

            Ungeeignete Maschinen (U4 / SS11)

              ... (siehe 2.10.)

        8.1.3.  Unzureichende Ergonomie der Betriebsmittel (U20)

        8.1.4.  behindernde Arbeitsplatzökologie (U21)

        8.1.5.  Monotonie (U23 / SS23)

            ... (siehe 2.8.3.)

9.  Fehlende Angaben (SS3)

    9.1.  Psychische Überforderung (U2 / SS18)

        ... (siehe 6.)

    9.2.  Informationsmangel auf org. Ebene (U5)

## 10.5 Schwachstellen-Ursachen-Matrix

Legende der Tabelle 10.1, die auf der folgenden Seite aufgeführt ist:

| 1 | Allgemeine Mitarbeitermotivation (U14/SS19) |
|---|---|
| 2 | Behindernde Arbeitsplatzökologie (U21) |
| 3 | Entscheidungsunsicherheit (SS20) |
| 4 | Ermüdung (U22/SS22) |
| 5 | Fehlende Angaben (SS3) |
| 6 | Fehlende Definition der Qualitäts-Merkmale (U28/SS9) |
| 7 | Fehlendes Wissen über Qualitätsdefinitionen (U10) |
| 8 | Fehlendes Wissen um Zusammenhänge (U17/SS16) |
| 9 | Funktion erkennen ist nicht möglich (U26/SS13) |
| 10 | Informationsmangel auf org. Ebene (U5) |
| 11 | Keine Mitarbeiterbeteiligung (U18) |
| 12 | Keine systematische Qualitäts - Kontrolle (SS12) |
| 13 | Kommunikationsdefizite (U8/SS7) |
| 14 | Konflikte (U27) |
| 15 | Monotonie (U23/SS23) |
| 16 | Motivation zum Qualitätsmehraufwand (SS8) |
| 17 | Nachlässigkeit (U6/SS21) |
| 18 | Organisationsmängel (U11) |
| 19 | Personalqualifikationsdefizite (SS2) |
| 20 | Persönliche Qualifikation (U7) |
| 21 | Psychische Überforderung (U2/SS18) |
| 22 | Schlechte Betreuung der Mitarbeiter (U24/SS5) |
| 23 | Schlechte Betriebs- und Prüfmittel (U25) |
| 24 | Schlechte Meßmittelausstattung (U15/SS6) |
| 25 | Terminplanungsprobleme (U3) |
| 26 | Ungeeignete Maschinen (U4/SS11) |
| 27 | Unzureichende Ergonomie der Betriebsmittel (U20) |
| 28 | Unzureichendes Feedback zum Verursacher (U29/SS10) |
| 29 | Unzureichendes Qualitätsbewußtsein der U-Leitung (U13) |
| 30 | Verantwortungsdruck (U19) |
| 31 | Weiterbildungsdefizite (U9) |
| 32 | Zeitdruck (U1/SS1) |

|    | 1 | 2 | 3 | 4 | 5 | 6 | 7 | 8 | 9 | 10 | 11 | 12 | 13 | 14 | 15 | 16 | 17 | 18 | 19 | 20 | 21 | 22 | 23 | 24 | 25 | 26 | 27 | 28 | 29 | 30 | 31 | 32 |
|----|---|---|---|---|---|---|---|---|---|----|----|----|----|----|----|----|----|----|----|----|----|----|----|----|----|----|----|----|----|----|----|----|
| 1  | 1 | 0 | 0 | 0 | 0 | 0 | 0 | 1 | 1 | 0 | 0 | 0 | 0 | 1 | 1 | 0 | 0 | 0 | 0 | 0 | 0 | 1 | 0 | 0 | 0 | 0 | 0 | 0 | 0 | 0 | 0 | 0 |
| 2  | 1 | 1 | 0 | 0 | 0 | 0 | 0 | 0 | 0 | 0 | 0 | 0 | 0 | 0 | 0 | 0 | 0 | 0 | 0 | 0 | 0 | 0 | 0 | 0 | 0 | 0 | 0 | 0 | 0 | 0 | 0 | 0 |
| 3  | 0 | 0 | 1 | 0 | 0 | 1 | 0 | 0 | 0 | 0 | 0 | 0 | 0 | 0 | 0 | 0 | 0 | 0 | 0 | 1 | 0 | 1 | 0 | 1 | 0 | 0 | 0 | 0 | 0 | 0 | 0 | 0 |
| 4  | 0 | 1 | 0 | 1 | 0 | 0 | 0 | 0 | 0 | 0 | 0 | 0 | 0 | 0 | 1 | 0 | 0 | 0 | 0 | 0 | 0 | 0 | 0 | 0 | 0 | 1 | 1 | 0 | 0 | 0 | 0 | 0 |
| 5  | 0 | 0 | 0 | 0 | 1 | 0 | 1 | 0 | 0 | 1 | 0 | 0 | 1 | 0 | 0 | 0 | 1 | 0 | 0 | 1 | 1 | 0 | 0 | 0 | 0 | 0 | 0 | 0 | 0 | 0 | 0 | 0 |
| 6  | 0 | 0 | 1 | 0 | 0 | 1 | 1 | 0 | 0 | 1 | 0 | 0 | 0 | 0 | 0 | 0 | 0 | 1 | 0 | 0 | 0 | 0 | 0 | 0 | 0 | 0 | 0 | 0 | 1 | 0 | 1 | 0 |
| 7  | 0 | 0 | 0 | 0 | 1 | 1 | 1 | 0 | 0 | 0 | 0 | 0 | 0 | 0 | 0 | 0 | 0 | 0 | 0 | 0 | 0 | 0 | 0 | 0 | 0 | 0 | 0 | 0 | 0 | 0 | 0 | 0 |
| 8  | 0 | 0 | 0 | 0 | 0 | 0 | 0 | 1 | 0 | 0 | 1 | 0 | 1 | 0 | 0 | 0 | 0 | 0 | 0 | 0 | 0 | 0 | 0 | 0 | 0 | 0 | 0 | 1 | 0 | 0 | 1 | 0 |
| 9  | 0 | 1 | 0 | 0 | 0 | 0 | 0 | 1 | 1 | 0 | 0 | 0 | 1 | 0 | 0 | 0 | 0 | 0 | 0 | 0 | 0 | 0 | 0 | 0 | 0 | 0 | 0 | 0 | 0 | 0 | 0 | 0 |
| 10 | 0 | 0 | 0 | 0 | 1 | 1 | 0 | 0 | 0 | 1 | 0 | 0 | 0 | 0 | 0 | 0 | 0 | 0 | 0 | 0 | 0 | 0 | 0 | 0 | 0 | 0 | 0 | 0 | 1 | 0 | 0 | 1 |
| 11 | 0 | 0 | 0 | 0 | 0 | 0 | 0 | 1 | 0 | 0 | 1 | 0 | 0 | 0 | 0 | 0 | 0 | 0 | 0 | 0 | 0 | 0 | 0 | 0 | 0 | 0 | 0 | 0 | 0 | 0 | 0 | 0 |
| 12 | 0 | 0 | 0 | 0 | 0 | 0 | 1 | 0 | 0 | 0 | 0 | 1 | 0 | 0 | 0 | 0 | 0 | 1 | 0 | 0 | 0 | 0 | 0 | 0 | 0 | 0 | 0 | 0 | 1 | 0 | 0 | 0 |
| 13 | 0 | 0 | 0 | 0 | 1 | 0 | 0 | 1 | 1 | 0 | 0 | 0 | 1 | 1 | 0 | 0 | 0 | 1 | 0 | 0 | 0 | 0 | 0 | 0 | 0 | 0 | 1 | 0 | 1 | 0 | 0 | 0 |
| 14 | 1 | 0 | 0 | 0 | 0 | 0 | 0 | 0 | 0 | 0 | 0 | 0 | 1 | 1 | 0 | 0 | 0 | 0 | 0 | 0 | 0 | 0 | 0 | 0 | 0 | 0 | 0 | 0 | 0 | 0 | 0 | 0 |
| 15 | 1 | 0 | 0 | 1 | 0 | 0 | 0 | 0 | 0 | 0 | 0 | 0 | 0 | 0 | 1 | 0 | 0 | 1 | 0 | 0 | 0 | 0 | 0 | 0 | 0 | 0 | 0 | 0 | 0 | 0 | 0 | 0 |
| 16 | 1 | 0 | 0 | 0 | 0 | 0 | 1 | 0 | 0 | 1 | 1 | 0 | 1 | 0 | 0 | 1 | 0 | 1 | 0 | 1 | 0 | 0 | 0 | 0 | 0 | 1 | 0 | 0 | 0 | 1 | 0 | 0 |
| 17 | 0 | 0 | 0 | 1 | 1 | 0 | 0 | 0 | 0 | 0 | 0 | 0 | 0 | 0 | 0 | 0 | 1 | 0 | 0 | 0 | 0 | 0 | 0 | 0 | 0 | 0 | 0 | 0 | 0 | 0 | 0 | 0 |
| 18 | 0 | 0 | 0 | 0 | 0 | 1 | 0 | 0 | 0 | 0 | 0 | 1 | 1 | 0 | 1 | 1 | 0 | 1 | 0 | 0 | 0 | 0 | 0 | 0 | 0 | 0 | 0 | 0 | 0 | 0 | 0 | 1 |
| 19 | 0 | 0 | 0 | 0 | 0 | 1 | 0 | 0 | 0 | 0 | 0 | 0 | 1 | 0 | 0 | 0 | 0 | 0 | 1 | 1 | 0 | 0 | 0 | 0 | 0 | 0 | 0 | 0 | 0 | 0 | 1 | 0 |
| 20 | 0 | 0 | 1 | 0 | 1 | 0 | 0 | 0 | 0 | 0 | 0 | 0 | 0 | 0 | 0 | 1 | 0 | 0 | 1 | 1 | 0 | 0 | 0 | 0 | 0 | 0 | 0 | 0 | 0 | 0 | 0 | 0 |
| 21 | 0 | 0 | 0 | 1 | 1 | 0 | 0 | 0 | 0 | 0 | 0 | 0 | 0 | 0 | 0 | 0 | 0 | 0 | 0 | 1 | 1 | 0 | 0 | 0 | 0 | 1 | 1 | 0 | 1 | 0 | 0 | 1 |
| 22 | 1 | 0 | 1 | 0 | 0 | 0 | 0 | 0 | 0 | 0 | 0 | 0 | 0 | 0 | 0 | 0 | 0 | 0 | 0 | 1 | 0 | 1 | 0 | 0 | 0 | 0 | 0 | 0 | 0 | 0 | 0 | 1 |
| 23 | 0 | 0 | 0 | 0 | 0 | 0 | 0 | 0 | 0 | 0 | 0 | 0 | 0 | 0 | 0 | 0 | 0 | 0 | 0 | 0 | 0 | 1 | 0 | 0 | 0 | 0 | 0 | 0 | 0 | 0 | 0 | 0 |
| 24 | 0 | 0 | 1 | 0 | 0 | 1 | 0 | 0 | 0 | 0 | 0 | 0 | 0 | 0 | 0 | 0 | 0 | 1 | 0 | 0 | 0 | 0 | 1 | 1 | 0 | 0 | 0 | 0 | 1 | 0 | 0 | 0 |
| 25 | 0 | 0 | 0 | 0 | 0 | 0 | 0 | 0 | 0 | 0 | 0 | 0 | 0 | 0 | 0 | 0 | 0 | 0 | 0 | 0 | 0 | 0 | 0 | 0 | 1 | 0 | 0 | 0 | 0 | 0 | 0 | 0 |
| 26 | 0 | 0 | 0 | 0 | 0 | 0 | 0 | 0 | 0 | 0 | 0 | 0 | 1 | 0 | 0 | 0 | 0 | 1 | 0 | 1 | 0 | 0 | 0 | 0 | 0 | 0 | 0 | 0 | 0 | 0 | 0 | 0 |
| 27 | 0 | 0 | 0 | 1 | 0 | 0 | 0 | 0 | 0 | 0 | 0 | 0 | 0 | 0 | 0 | 0 | 0 | 0 | 0 | 0 | 1 | 0 | 0 | 0 | 0 | 1 | 1 | 0 | 0 | 0 | 0 | 0 |
| 28 | 0 | 0 | 0 | 0 | 0 | 0 | 1 | 1 | 0 | 1 | 0 | 0 | 1 | 0 | 0 | 0 | 0 | 1 | 0 | 0 | 0 | 0 | 0 | 0 | 0 | 0 | 0 | 1 | 0 | 0 | 0 | 0 |
| 29 | 0 | 0 | 0 | 0 | 0 | 1 | 0 | 0 | 0 | 0 | 0 | 1 | 0 | 0 | 0 | 1 | 0 | 0 | 0 | 0 | 0 | 0 | 1 | 0 | 1 | 0 | 0 | 1 | 0 | 0 | 0 | 0 |
| 30 | 0 | 0 | 0 | 0 | 0 | 0 | 0 | 0 | 0 | 0 | 0 | 0 | 0 | 0 | 0 | 0 | 0 | 0 | 0 | 0 | 0 | 0 | 0 | 0 | 0 | 0 | 0 | 0 | 1 | 0 | 0 | 0 |
| 31 | 0 | 0 | 0 | 0 | 0 | 1 | 0 | 1 | 0 | 0 | 0 | 0 | 0 | 0 | 0 | 1 | 0 | 0 | 1 | 0 | 0 | 0 | 0 | 0 | 0 | 0 | 0 | 0 | 0 | 0 | 1 | 0 |
| 32 | 0 | 0 | 0 | 0 | 0 | 0 | 0 | 0 | 0 | 1 | 0 | 0 | 0 | 0 | 0 | 0 | 0 | 1 | 0 | 0 | 1 | 1 | 0 | 0 | 1 | 0 | 0 | 0 | 0 | 0 | 0 | 1 |

Tab. 10.1  Schwachstellen-Ursachen-Matrix

# FIR + IAW
## Forschung für die Praxis

Berichte aus dem Forschungsinstitut für Rationalisierung (FIR), Aachen, und dem Lehrstuhl und Institut für Arbeitswissenschaft (IAW) der Rheinisch-Westfälischen Technischen Hochschule Aachen.

Herausgeber: Univ.-Prof. em. Dr.-Ing. R. Hackstein (bis Band 44)
Univ.-Prof. Dr.-Ing. Dipl.-Wirt.-Ing. W. Eversheim


1 **Qualitätszirkel und andere Gruppenaktivitäten**
Von F. J. Heeg. ISBN 3-540-15498-1.
1985, 232 Seiten mit 45 Abbildungen und 17 Tabellen      68,- DM

2 **Planung und Auslegung von Palettenlagern**
Von P. Bauer. ISBN 3-540-15499-X.
1985, 148 Seiten mit 42 Abbildungen und 8 Tabellen      68,- DM

3 **Kennzahlen in der Distribution**
Von W. Konen. ISBN 3-540-15624-0.
1985, 150 Seiten mit 9 Abbildungen und 7 Tabellen      68,- DM

4 **Personalbedarf der Arbeitsplanung**
Von P. Bresser. ISBN 3-540-15625-9.
1985, 179 Seiten mit 65 Abbildungen und 6 Tabellen      68,- DM

5 **Analyse und Grobprojektierung von Logistik-Informationssystemen**
Von O. Gast. ISBN 3-540-15626-7.
1985, 187 Seiten mit 68 Abbildungen und 20 Tabellen      68,- DM

6 **Flexibilität in der Fertigung**
Von R. Grob. ISBN 3-540-16159-7.
1986, 158 Seiten mit 25 Abbildungen und 20 Tabellen      68,- DM

7 **Rechnergestützte Planung von Durchlaufregallagern**
Von E.-J. Ribbert. ISBN 3-540-16160-0.
1986, 154 Seiten mit 30 Abbildungen und 7 Tabellen      68,- DM

8 **Wirtschaftliche Arbeitsplanung in der Instandhaltung**
Von W. Jütting. ISBN 3-540-16701-3.
1986, 145 Seiten mit 40 Abbildungen      68,- DM

9 **Planung des Personalbedarfs in indirekten Bereichen**
Von K. Hemmers. ISBN 3-540-16702-1.
1986, 149 Seiten mit 73 Abbildungen      68,- DM

10 **Organisatorische Gestaltung einer zentralen Werkstattsteuerung**
Von M. Strack. ISBN 3-540-17570-9.
1987, 150 Seiten mit 48 Abbildungen      68,- DM

11 **Planzeiten für Konstruktion und Arbeitsplanung**
Von K.-G. Konrad. ISBN 3-540-18040-0.
1987, 151 Seiten mit 49 Abbildungen      68,- DM

12 **Integrierte Produktionsplanung**
Von E. Gillessen. ISBN 3-540-18614-X.
1988, 149 Seiten mit 45 Abbildungen      68,- DM

13 **Einführung von Informations- und Kommunikationstechnologie**
Von R. Junker. ISBN 3-540-18845-2
1988, 157 Seiten mit 26 Abbildungen und 42 Tabellen      68,- DM

14 **Personal Computer in kleinen Produktionsunternehmen**
Von H. Hoff. ISBN 3-540-19407-X.
1988, 158 Seiten mit 64 Abbildungen      68,- DM

15 **Betriebsdatenerfassung in Konstruktion und Arbeitsplanung**
Von M. Virnich. ISBN 3-540-19408-8.
1988, 194 Seiten mit 50 Abbildungen      68,- DM

16 **Informationswesen in der Instandhaltung**
Von W. Klein. ISBN 3-540-50177-0.
1988, 152 Seiten mit 61 Abbildungen      68,- DM

17 **EDV-gestützte Instandhaltung**
Von J. Weingärtner. ISBN 3-540-50178-9.
1988, 171 Seiten mit 52 Abbildungen      68,- DM

18 **Termin- und Kapazitätsplanung der Arbeitsplanung**
Von G. Steger. ISBN 3-540-50179-7.
1988, 195 Seiten mit 99 Abbildungen      68,- DM

19 **Integration von flexiblen Fertigungszellen in die PPS**
Von H.-U. Förster. ISBN 3-540-50181-9.
1988, 179 Seiten mit 78 Abbildungen      68,- DM

20 **Bestimmung des Automatisierungsgrades der rechnergestützten NC-Programmierung**
Von V. Pfennig. ISBN 3-540-50229-7.
1988, 150 Seiten mit 59 Abbildungen      68,- DM

21 **Auswahl und Beurteilung EDV-gestützter IPS-Systeme**
Von U. Breer. ISBN 3-540-50747-7.
1989, 158 Seiten mit 58 Abbildungen und 23 Tabellen      68,- DM